漫画时间简史三部曲

时间！你往哪里跑

武子 著/绘

人民邮电出版社
北京

图书在版编目（CIP）数据

时间！你往哪里跑 / 武子著、绘. -- 北京 : 人民邮电出版社，2024.5
（漫画时间简史三部曲）
ISBN 978-7-115-63456-6

Ⅰ. ①时… Ⅱ. ①武… Ⅲ. ①时间—普及读物 Ⅳ. ①P19-49

中国国家版本馆CIP数据核字(2024)第034252号

◆ 著 / 绘　武　子
责任编辑　王朝辉
责任印制　陈　犇

◆ 人民邮电出版社出版发行　北京市丰台区成寿寺路 11 号
邮编　100164　电子邮件　315@ptpress.com.cn
网址　https://www.ptpress.com.cn
北京瑞禾彩色印刷有限公司印刷

◆ 开本：880×1230　1/32
印张：7.75　2024 年 5 月第 1 版
字数：168 千字　2024 年 5 月北京第 1 次印刷

定价：49.80 元

读者服务热线：(010) 81055410　印装质量热线：(010) 81055316
反盗版热线：(010) 81055315
广告经营许可证：京东市监广登字 20170147 号

内容提要

宇宙是否有开端？时间是否有尽头？过去的时间在哪里消逝？未来的世界在何处终结？时间的本质、宇宙的命运，这些问题曾经是哲学家展示身手的舞台，然而随着科学的不断发展，物理学家开始向这些问题发起挑战。曾经属于哲学家的舞台，现在被科学家占领，他们正在尝试揭开大自然的奥秘。

本书用趣味的漫画和轻松的文字，在幽默搞笑的气氛中，惟妙惟肖讲述了宇宙自创生至今一步步的演化过程，并介绍了时间流逝的方向与本质，以及时间旅行的可行性等。在结尾处，作者还对物理学的大统一进行了展望。

本书适合物理爱好者、天文爱好者，以及其他任何对科学感兴趣的读者阅读。假如你从未对自然科学产生过兴趣，那么这本书或许能点燃你的热情！

序

我之前出过两本书：《1小时看懂相对论（漫画版）》和《漫画平行宇宙》，这已经是武子写的第三本（其实是一套三本）书了。平均来说，每本书都要花上一年的时间进行创作，这套花的时间更久。

在这些年创作科普漫画的过程中，我逐渐感受到，读者对于“轻松幽默”的要求越来越高。或许是当今这个时代，短视频的兴起培养了大众对于“快餐文化”的倾向，以至于人们更喜爱那些可以在碎片时间和悠闲随意的状态下收获知识的作品。为此，我努力在作品中提高幽默成分。然而，科普作品毕竟需要一定的严谨性，所以内容如何取舍是个很费神的工作。

为了提高画面的表现力，我专门学习了漫画分镜、电影分镜，并加强了日常速写练习。不谦虚地说，在近几年的工作和训练中，我绘画的功力得到了明显提升。从这套书里其实就能看到，前期画面还有些生涩，越到后面画得越熟练。如果再比较一下《1小时看懂相对论（漫画版）》时的效果，这套作品在绘画方面算是提高了很多。

漫画家的工作有时候比较像一整个电影剧组，自己编剧，自己分镜，自己指挥，自己演（用画笔代替），还有美术、剪辑、道具全部都需要一个人搞定。我努力在各方面提升自己，以求提高作品质量。至于做得好不好，当然由读者评说，希望能得到大家的认可。

这套书一共三本：《咣！炸出一个宇宙》《警告！前方黑洞出没》《时间！你往哪里跑》。三本书涵盖了现代物理学中很大一部分领域的内容，希望对大家有所帮助，希望大家看得高兴，并有所收获。

武子

目 录

第 1 章

宇宙究竟有没有开端？

有没有结局？有没有谁说了算？

通过对黑洞奇点的研究，人们认识到大爆炸的奇点也可能会受到量子效应的影响，这再一次引发了人们对于宇宙开端和结局的研究兴趣。20世纪末，霍金提出了“无边界宇宙模型”，在这个模型里，宇宙没有开端，也没有结局。

=第1节　大爆炸有人操纵？谁干的？=

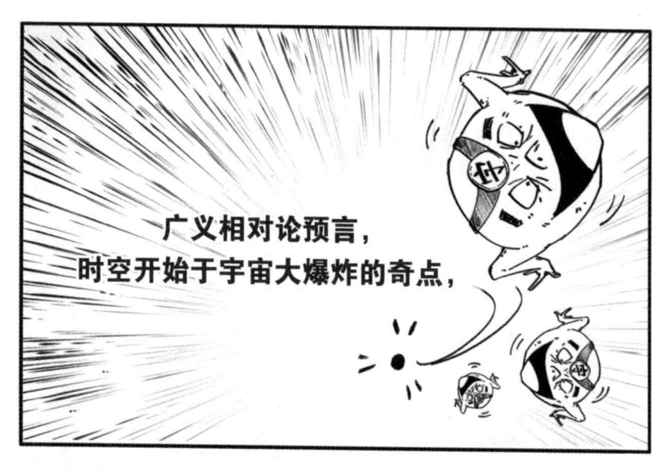
广义相对论预言，
时空开始于宇宙大爆炸的奇点，

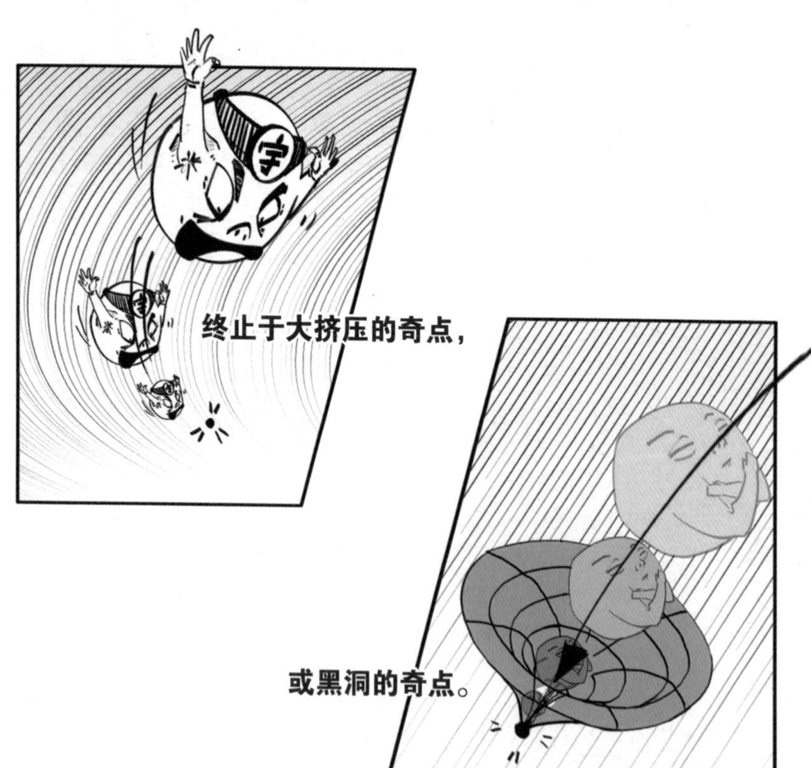
终止于大挤压的奇点，
或黑洞的奇点。

而霍金辐射告诉我们，一旦把不确定性原理纳入思考范围，量子效应最终会将整个黑洞蒸发干净。

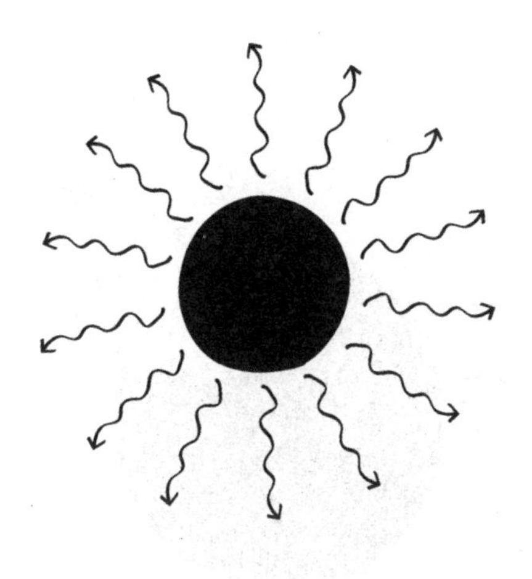

这样，黑洞里的奇点也会随之消失。

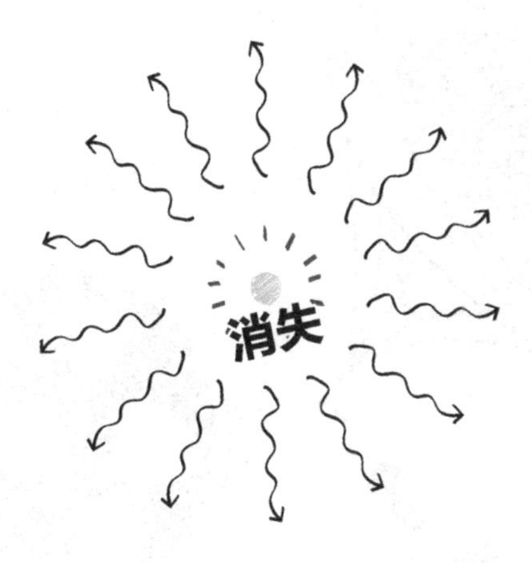

假如真是这样，那掉进黑洞里的倒霉蛋其实并没有在奇点处神秘失踪，他的质量和能量会在黑洞蒸发时，被辐射回宇宙当中。

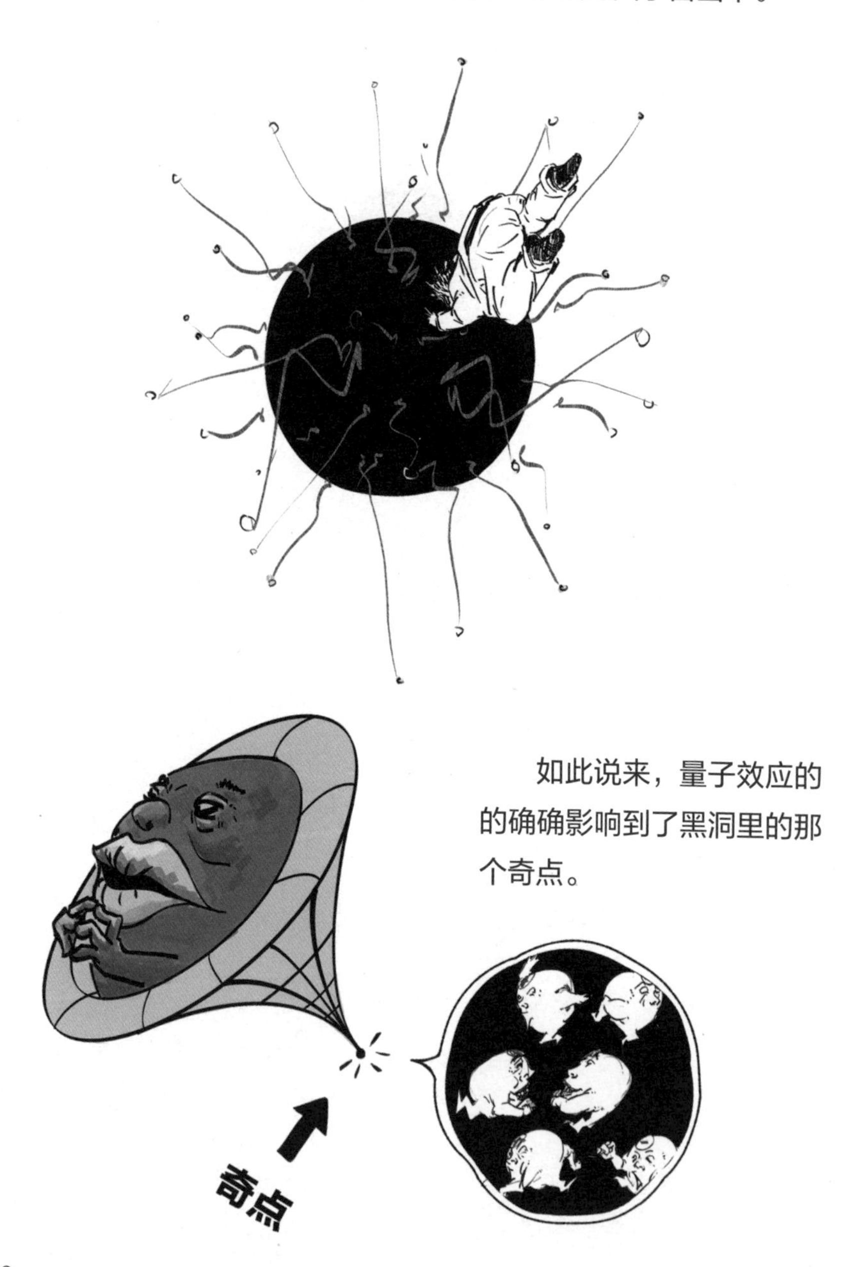

如此说来，量子效应的的确确影响到了黑洞里的那个奇点。

那么，现在我们就想问，量子效应既然可以影响黑洞里的奇点，那它会不会影响到大爆炸的奇点，以及大挤压的奇点呢？

或者我们换一个更直接的问法，如果考虑量子效应，宇宙究竟……

长期以来，教会一直宣称地球是宇宙的中心，太阳围着地球转圈圈，这就是人们熟知的地心说。

为了维持其宗教地位，天主教会玩命打击地心说的对立思想——日心说。

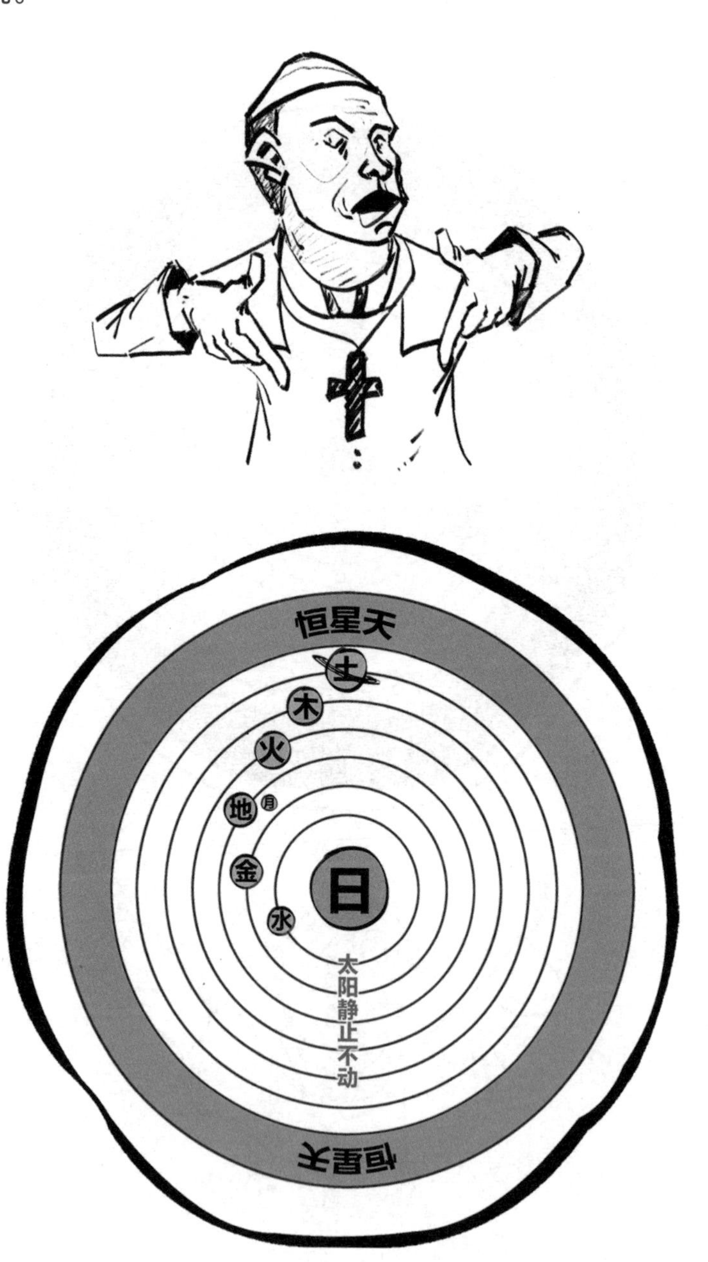

伽利略就曾经因公开支持日心说而遭到宗教裁判所的审判，无奈被迫屈服。

很多年后，随着越来越多的天文观测证据被发现，人类的现代宇宙图景慢慢地被建立起来。

地球绕日公转成为不争的事实，天主教无言以对，只好公开承认地心说是对宇宙的错误理解，并表示愿意因曾经对伽利略犯下的过错进行道歉。

1981 年，霍金参加了耶稣会在梵蒂冈组织的宇宙学会议，结束前，教皇信誓旦旦地劝诫在场的小伙伴，关于宇宙的演化，大爆炸之后的过程，是可以拿来研究的。

但是关于大爆炸本身为何会发生，大伙儿就别操心了，因为那个时刻叫“创生”，那是上帝他老人家的买卖，尝试染指其中就等于在找死的边缘试探。

其实吧，没搞清状况的人是教皇自己，大概是他没听懂，在他上台演讲之前，霍金刚刚表达了对于“创生”的反对观点——一种时空有限无界的可能性。

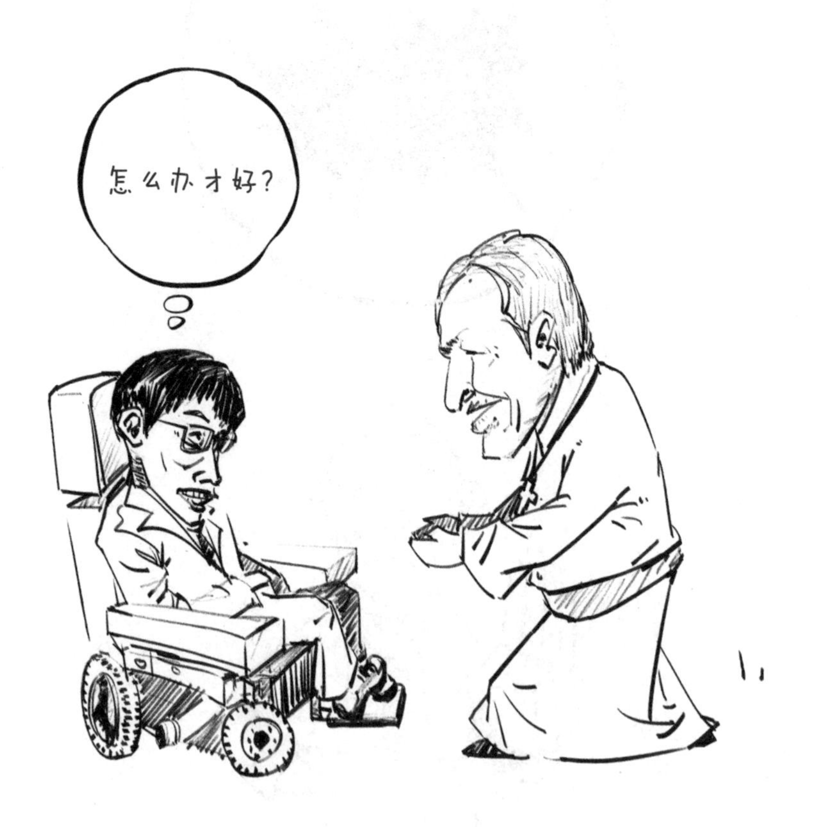

霍金认为，
时空没有开端，也没有结局，
Boom!

“创生”或许压根就没发生过……

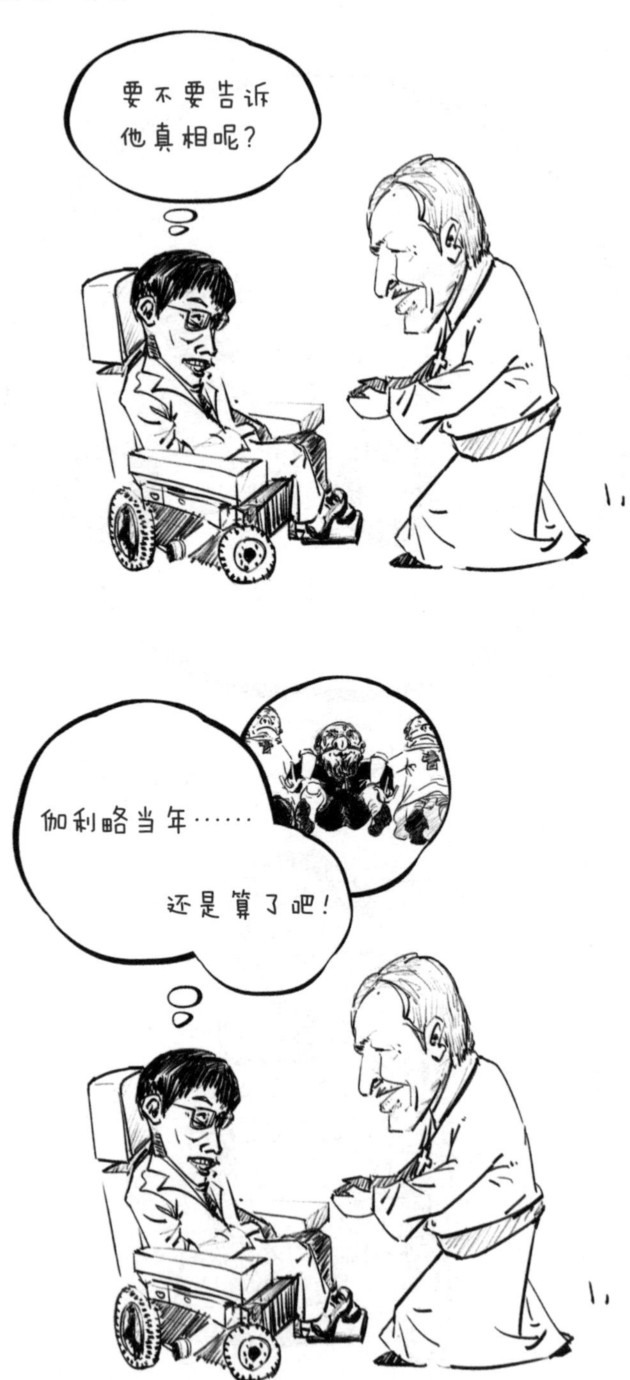
要不要告诉
他真相呢？
伽利略当年……
还是算了吧！

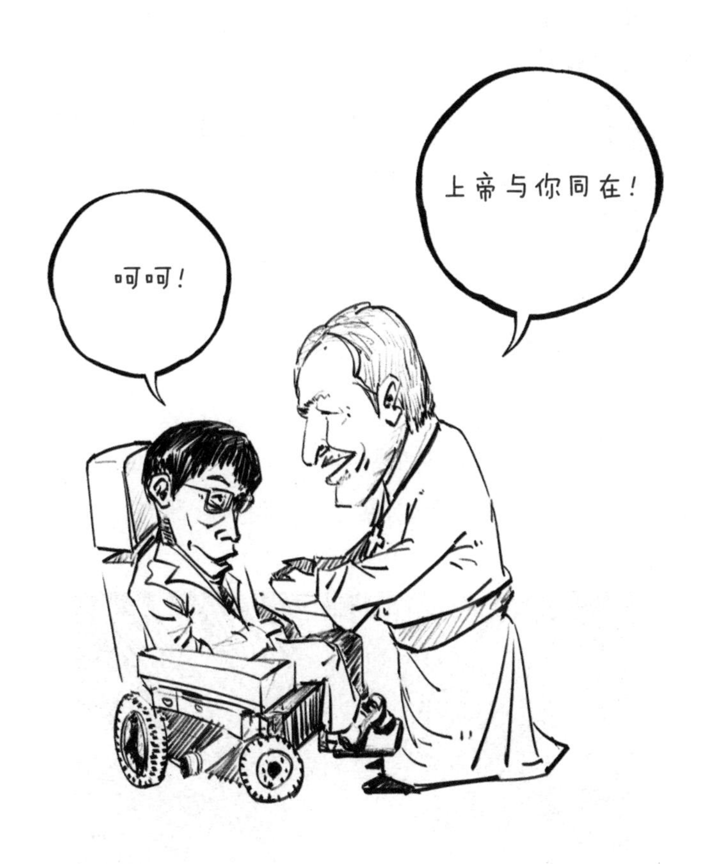

为了理解霍金这个高端、大气、上档次的思想，我们得先介绍一下传统“宇宙大爆炸”模型的来龙去脉。

1946 年，伽莫夫提出了大爆炸宇宙模型。

138 亿年前，在一个叫作奇点的地方，不知道是什么原因，“Bang”的一下，发生了一场爆炸，宇宙从此诞生。

此时，宇宙的温度无限高，无数的粒子被崩了出来。

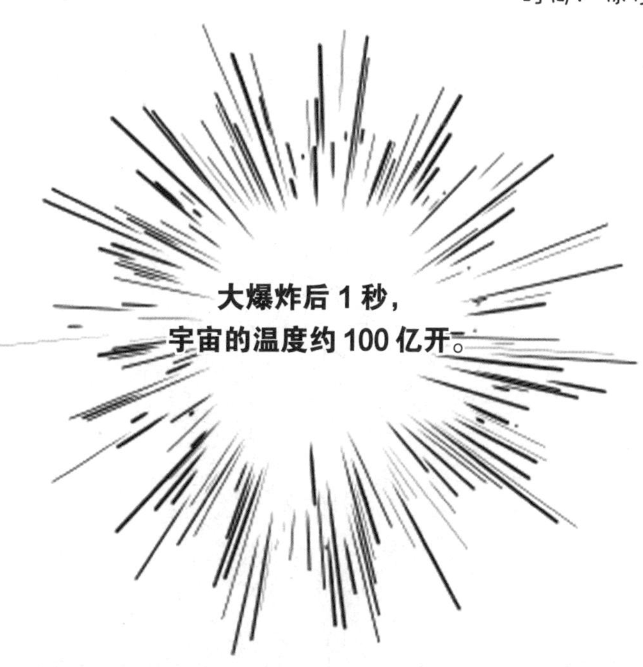
大爆炸后 1 秒，
宇宙的温度约 100 亿开。

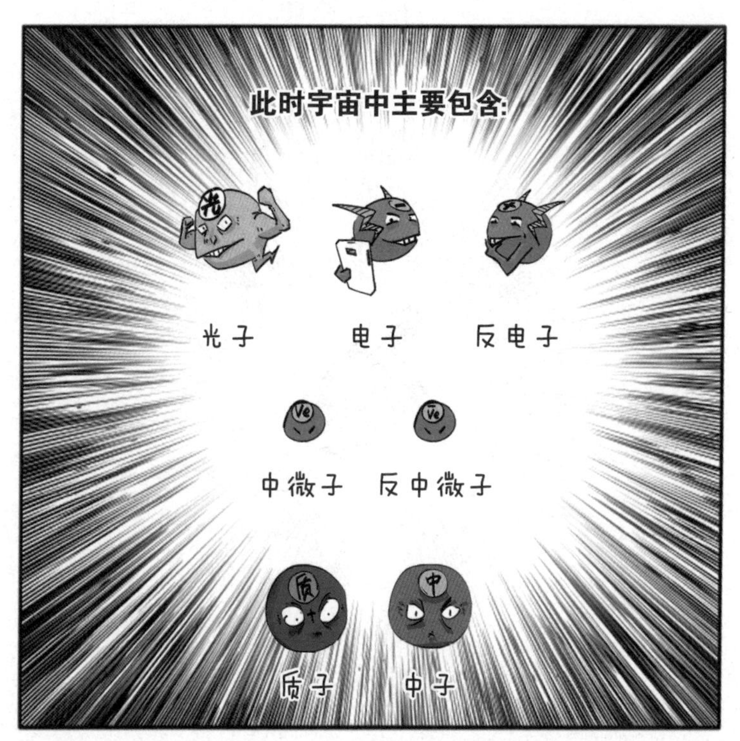
此时宇宙中主要包含:
光子
电子
反电子
中微子
反中微子
质子
中子

随着温度降低，电子和反电子不断湮灭，变成光子，只有少量的电子留了下来。

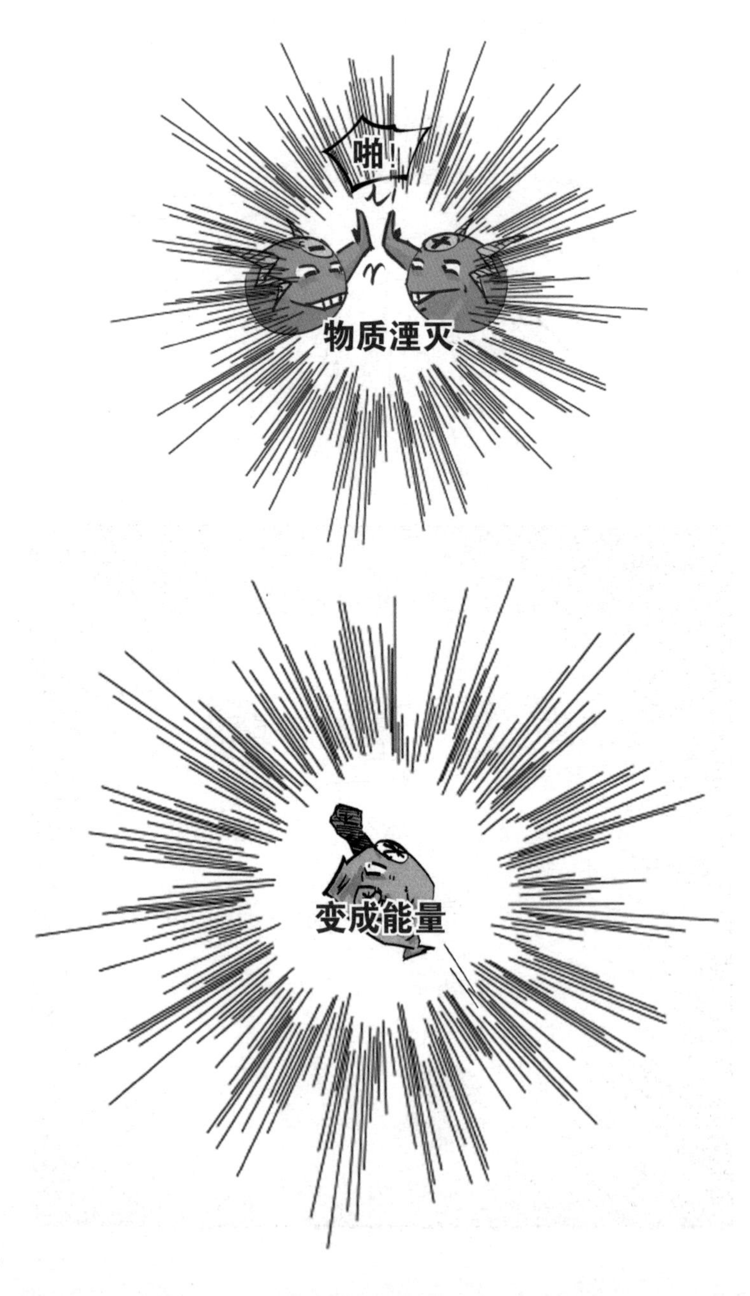

中微子和反中微子属于高冷型存在，它们几乎谁都不理；甚至正反中微子擦肩而过时，它们几乎都会把对方当空气，谁也不理谁。

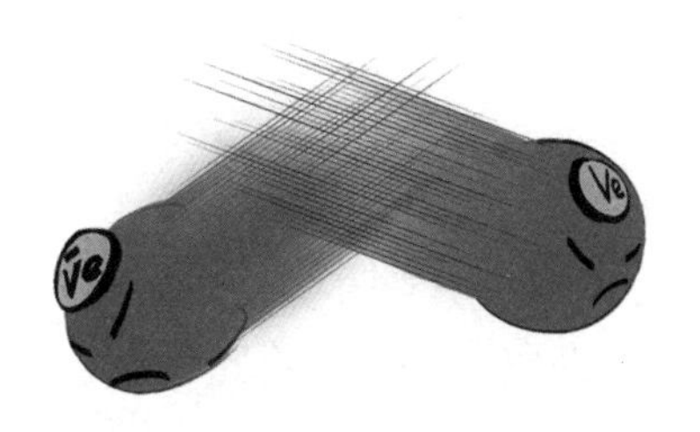

因此它们大多没有湮灭，理论上仍残留至今，只是我们还没有真正探测到它们。而这也正是中微子被视为“暗物质”候选者的原因。

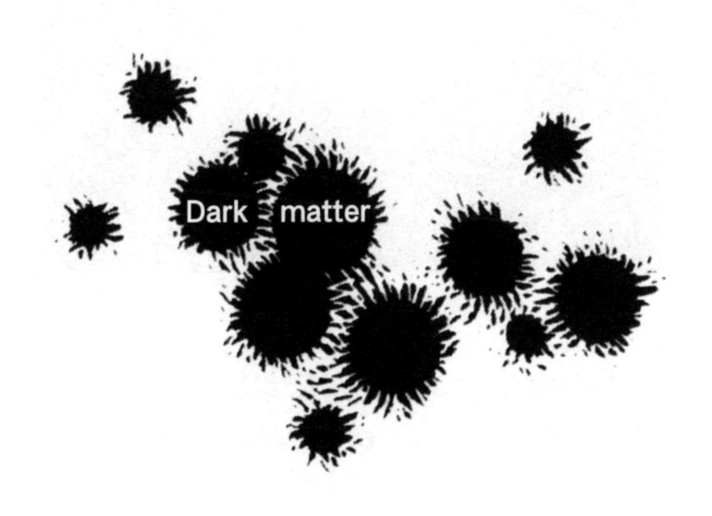

暗物质是当代物理学需要攻克的难题之一，是一种人类看不见，但又能产生引力的存在。

理论上，银河系内就应该存在大量暗物质，它们的引力效应保证了银河系能够稳稳当当地在那儿一直打转转。

假如没有暗物质，按照力学分析，以银河系目前的转速，它早就应该散架了才对。也就是说，暗物质事实上起到了胶水的作用。

在之后的时间里，宇宙不断膨胀，温度逐渐降低。

我们都知道，温度是宏观概念，其本质是微观粒子运动的剧烈程度。粒子运动速度越快，宏观上温度就越高。

水分子运动剧烈，
水温高！

水分子运动缓慢，
水温低！

温度下降其实就是粒子运动速度降低了。要知道，粒子运动速度越慢，就越容易被束缚。

在大爆炸后 100 秒，宇宙温度降低到 10 亿开。

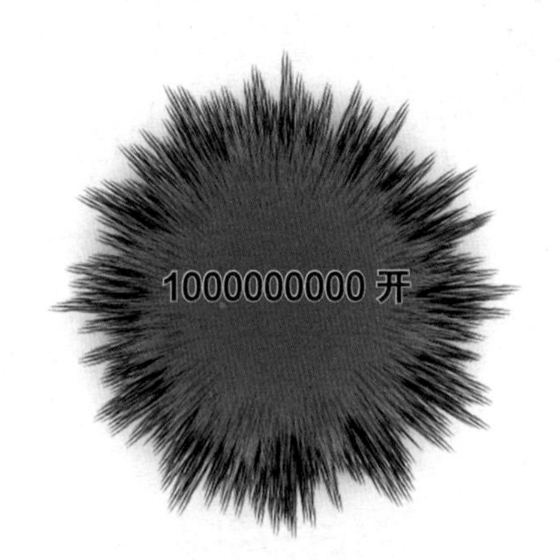

此时质子和中子的运动速度下降到某一个临界值，它们已经无法抵抗相互之间的强力吸引，开始慢慢结合到一起。

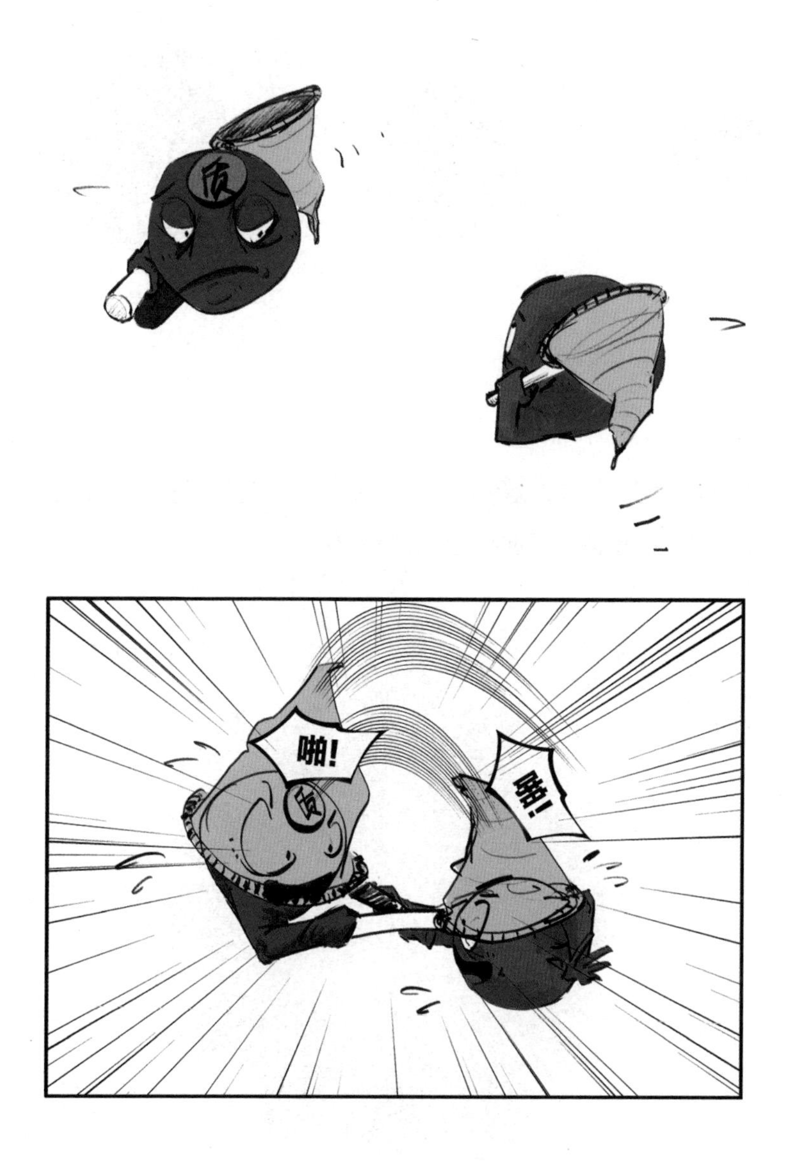

于是，宇宙中最简单的几种元素形成了，它们是氢、氦，以及少量的锂。

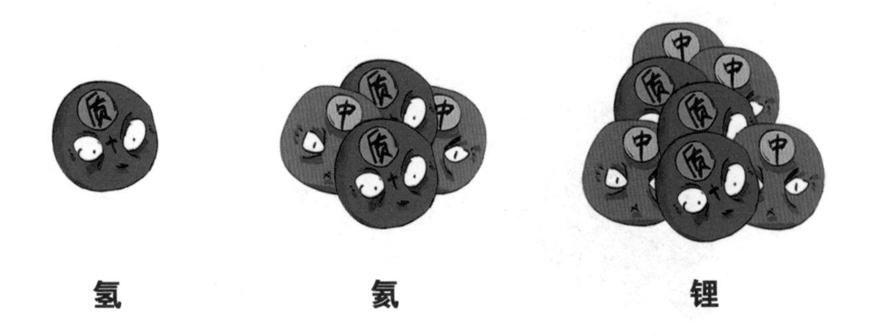

大爆炸后几小时，氦元素和其他元素的生成停止了，在之后的37 万年里，宇宙除了膨胀，什么都没发生。

直到有一天，当温度降低到 3000 开的时候，质子和电子的速度也慢了下来，它们无法抵抗电磁力的诱惑，开始俘获彼此。

于是，宇宙告别了等离子态，原子形成了。

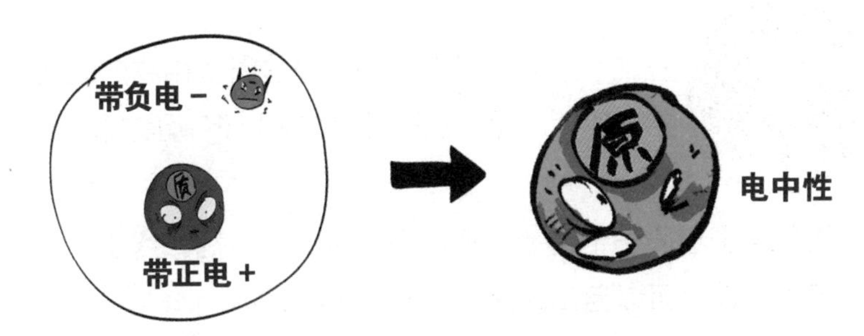

注意，在此之前，宇宙里是充满了光子的，它们是正负电子对儿湮灭留下的能量。

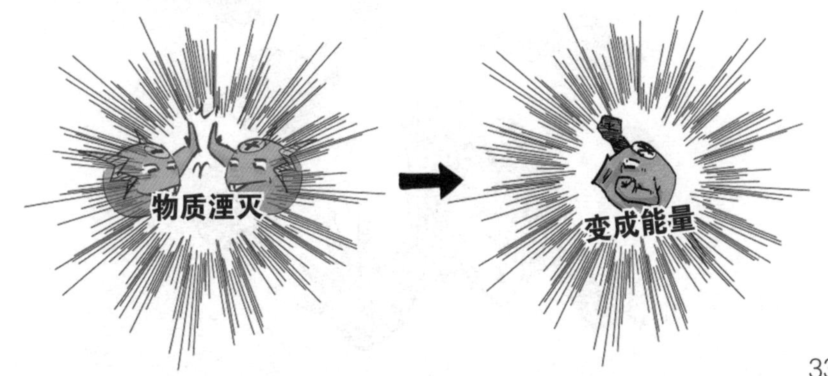

由于光子会被带电粒子怼来怼去，因此在一个充满电荷的粒子天幕里，光子无法自由翱翔。

其实“怼来怼去”只是通俗简易的说法，真实的情况是，光子不断地被电子“吸收”和“放出”。

直到电子与质子相结合，形成电中性的原子后，终于，光子摆脱了电磁枷锁，可以自由翱翔，飞向遥远的天边。

这些光子携带着大爆炸产生的能量，它们代表着大爆炸的余温。随着宇宙膨胀，光波逐渐被拉长，时至今日，已被拉长至微波波段。

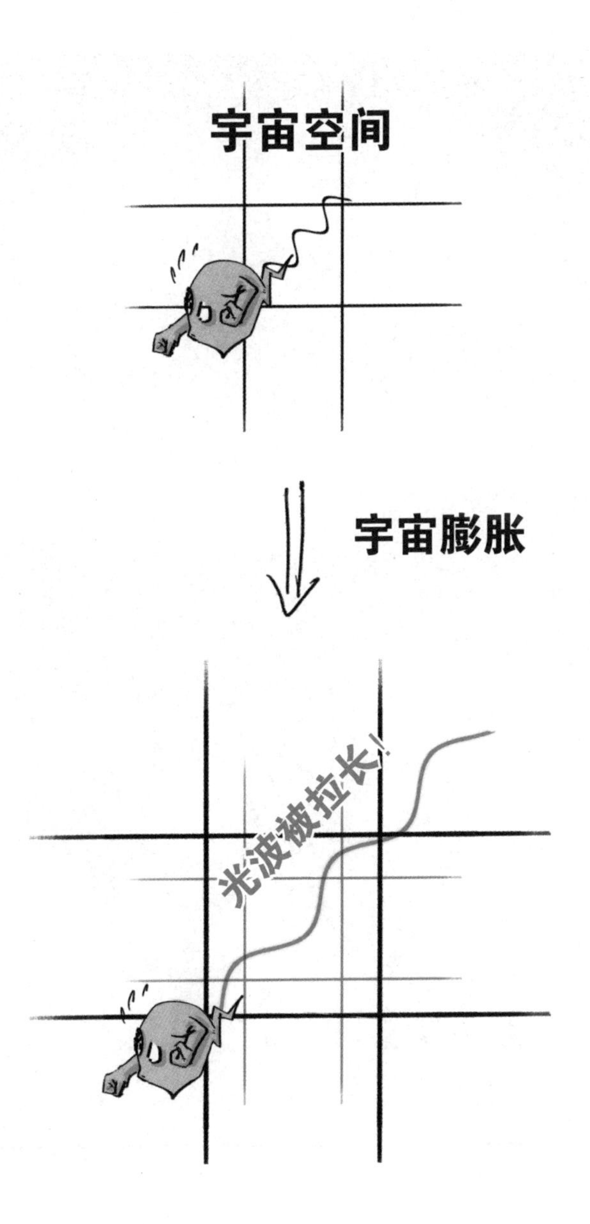

而这美妙的辐射，恰巧在 1964 年被两位工程师意外地接收到了，没错，它就是我们在本套书另一册《咣！炸出一个宇宙》中提到过的宇宙微波背景辐射。

再看一下前面这张宇宙微波背景辐射图，不同的颜色代表着不同的温度。别看它花花绿绿的，其实温差非常非常小，也就一丁点儿，但也就是这么一丁点儿的温差，让宇宙里不同区域的物质密度有所不同。

在自身引力的作用下，密度大的区域物质逐渐聚集成团。

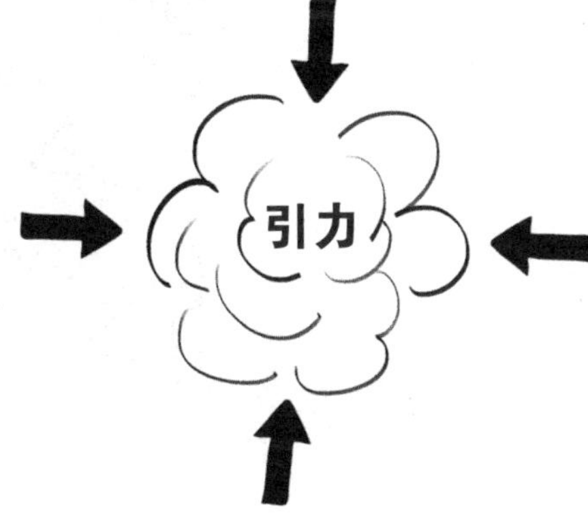

而由于外部引力的拉扯，团块开始慢慢旋转。

团块越是收缩，其旋转速度就越快，当速度达到某一数值，旋转产生的离心力正好与自身引力达到平衡，于是碟状星系就这样形成了。

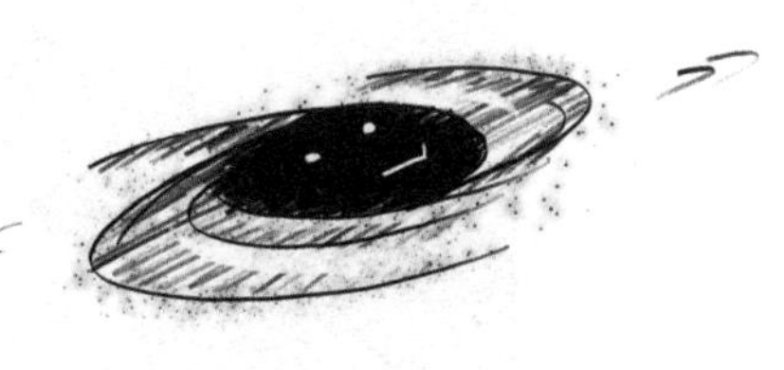

在这之后发生的事情，我们在本套书另外两册的章节里已经讲过了，星系里面的气团在引力作用下会继续收缩。

当气团中心温度达到 15000000 开时，核聚变反应被点燃了。

一旦聚变反应产生的向外压力与向内的引力达到平衡，恒星就诞生了。

说起一颗恒星寿命的长短，这事其实还挺逗。不要以为个头大的恒星活得更长，事实正好相反，越是大块头的恒星寿命反而越短。

要知道，质量越大，引力越大。相比身材矮小的恒星而言，大个恒星质量大，引力强，因此，它必须更努力地燃烧自己，使得核聚变产生的向外压力足以抵抗由于自身体形过大而带来的引力负担。

也就是说，大质量恒星就像大排量汽车，尽管油箱比其他汽车大一些，但行驶同样的路程，却更费油！

当一颗年迈的恒星结束燃烧，走到生命终点时，结局通常有以下几种。

有些质量较大的恒星，在自身引力的作用下，临终前会上演一场波澜壮阔的爆炸——超新星爆发。

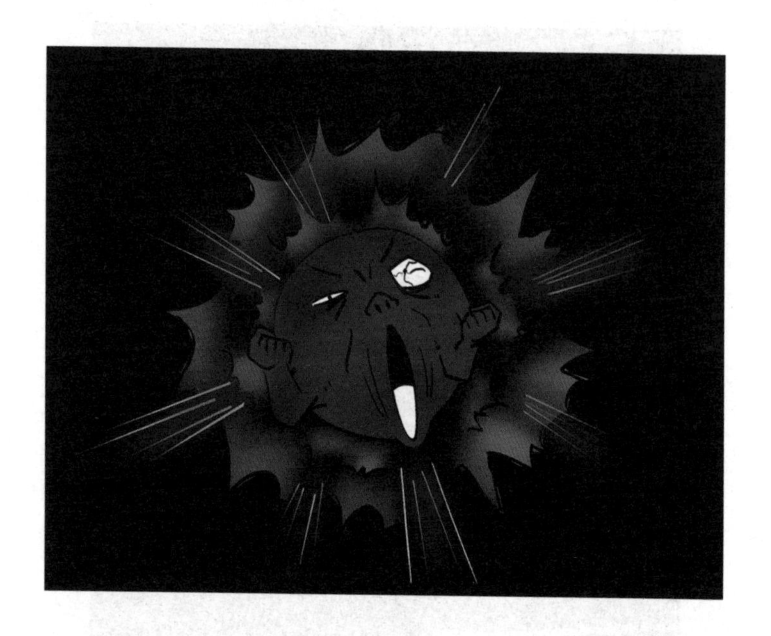

作为离开时的谢幕演出，其释放的光芒足以让整个星系都显得黯然失色。

前面说过，一颗恒星在其生命的绝大部分时间里，所做的就是将氢聚变成氦。

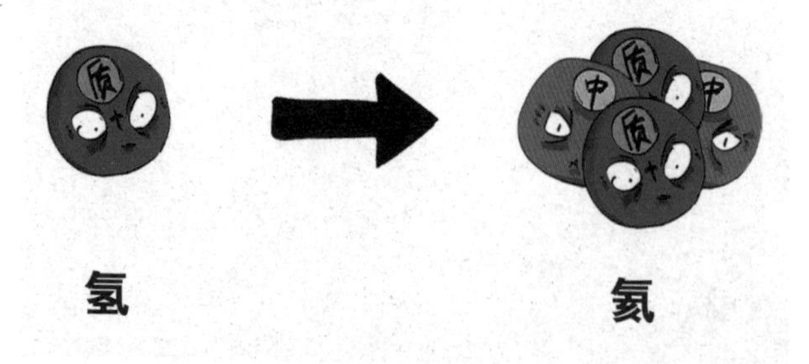

而在临终前的那一小段时间，当氢燃烧殆尽，由于引力的持续压迫，还会发生氦聚变成碳和氧等重元素的聚变过程。

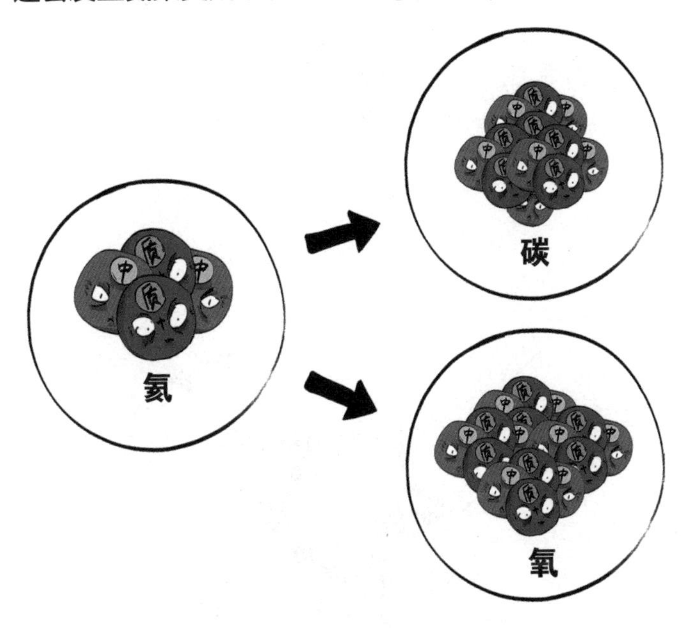

最后，随着一场猛烈的超新星爆发，这些重元素被抛撒到宇宙空间中，成为下一代恒星和行星的原材料。

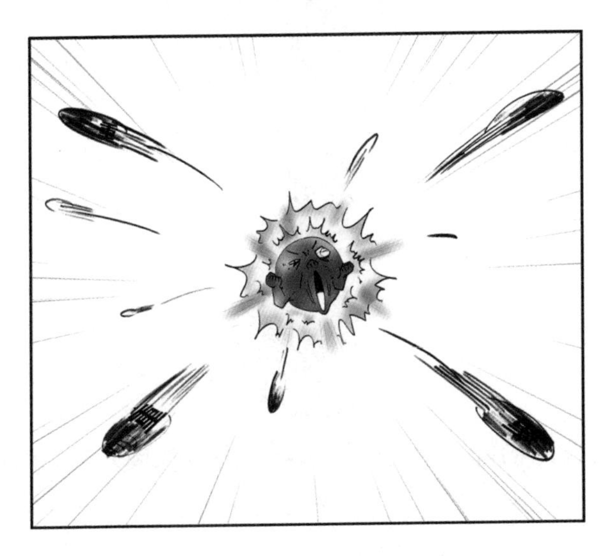

太阳就是一颗二代或者三代恒星，而地球就是上一代恒星爆炸时，抛出来的重元素渣渣抱团的结果。

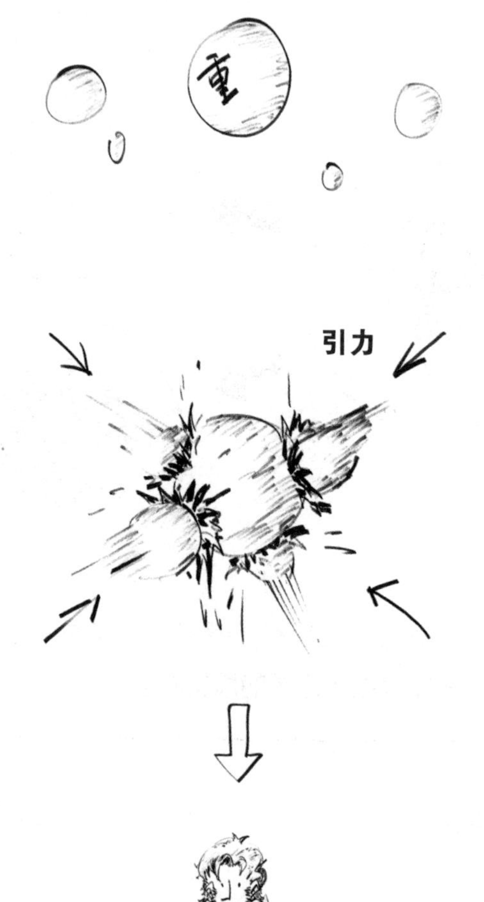

没有一代的牺牲，就没有重元素；而没有重元素，就没有今天的地球。

=第2节　上帝以后没地方待了怎么办？=

几十年来，大爆炸理论独领风骚，早已被科学家广泛接受；然而，随着研究的深入，人们渐渐发现，有些事，是这个理论死活搞不定的……

1. 为什么大爆炸的余温在宇宙的所有方向都相同呢？

2. 为什么宇宙膨胀的速度不多不少，刚刚好是现在的临界速度呢？

要知道，
宇宙的膨胀哪怕快上一丁点儿，

或者慢上一丢丢，

今天的宇宙，
都不会是我们现在看到的样子。

以上这些问题，在广义相对论里是找不出答案的，因为广义相对论在奇点那里失效了。也因此，奇点那里究竟发生过什么，我们无从得知。

甚至，假如在奇点之前，真的有过什么事件出现，那对我们人类来说，也是没有意义的。

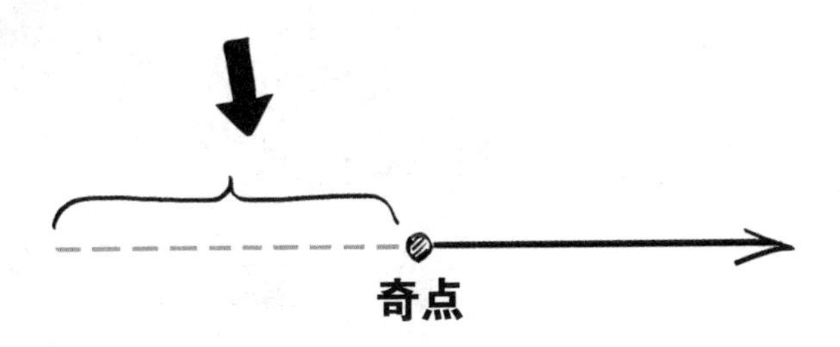

打个比方说吧，比如某天任小浩嘴欠，背地里说武子坏话。

于是，武子在某天听到流言蜚语后自然心里很不爽。

但是，如果任小浩的这句坏话，由于某种无法理解的原因，它死活就是没法让武子听到。

那么，很显然，任小浩说坏话这件事，跟武子建立不了任何联系，你说就说吧，反正是白说，说了我也不知道。对武子来说，这件事没有任何意义。

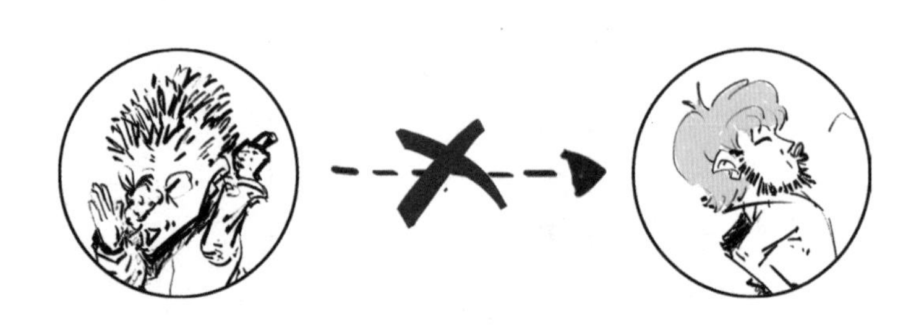

这个逻辑套用在宇宙上，也是一样的。由于物理定律在大爆炸那一点上失效了，因此，大爆炸发生前，任何事件的存在，在物理上跟我们都接不上。

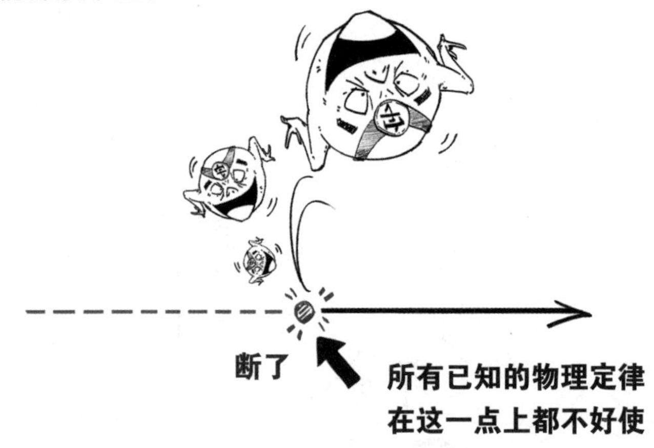
断了
所有已知的物理定律
在这一点上都不好使

也就是说，它发生过也好，没发生过也罢，对于我们而言，和我们没有半毛钱关系。

换一种方式来表达就是，对于生存其中的我们来说，时空，是有边界的！

在这个边界之内，对于宇宙的理解貌似是这样的，科学告诉我们，宇宙存在一组定律。

在不确定性原理允许的范围内，只要我们知道了宇宙某一时刻的状态，根据这些定律，我们就能计算出宇宙任何时刻的状态。

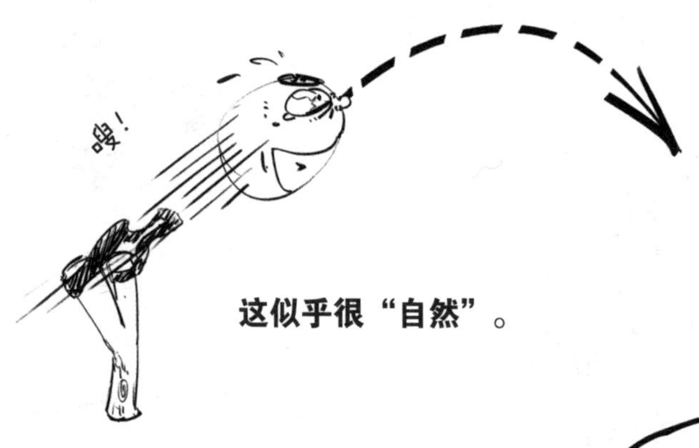

这似乎很“自然”。

可是，如果有人好奇，这些“自然”演化所遵循的定律，它们本身又从何而来呢？

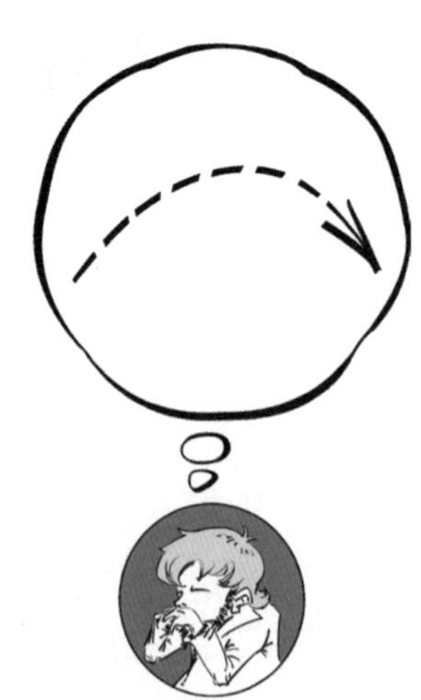

这个问题貌似还没人可以给出能让人信服的答案。然而世界上有很多人声称，上帝万能，定律自然是由上帝创造的。

纵观历史，造物主的说法由来已久，有人虔诚信奉，有人死活不信。那么物理学家该不该相信呢？

姑且相信它是真的吧，没错，伟大的上帝创造了这些定律！不过，上帝他老人家在仅仅创造出物理定律之后就撒手不管了。

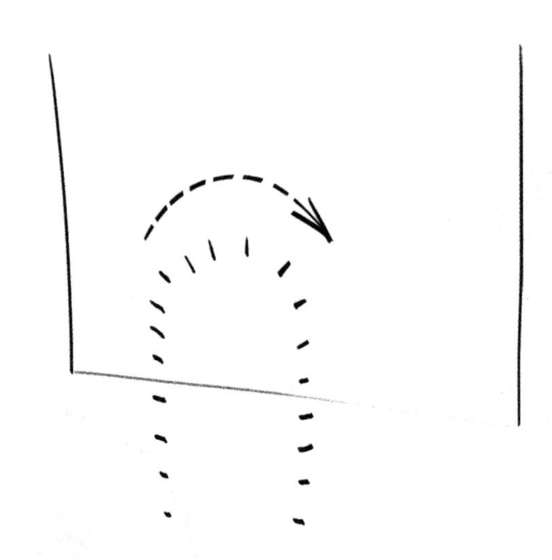

于是乎，没人在乎的宇宙便被动地在这些定律的制约下继续演化下去。

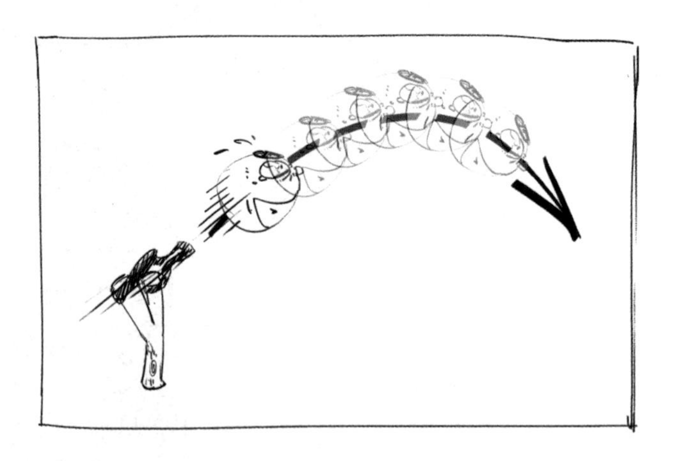

停！这里有个事咱必须得好好掰扯掰扯！

如果定律是上帝创造的，那宇宙在按照定律演化之前，也就是最开始大爆炸的那一点上，它是一个什么样的姿势呢？

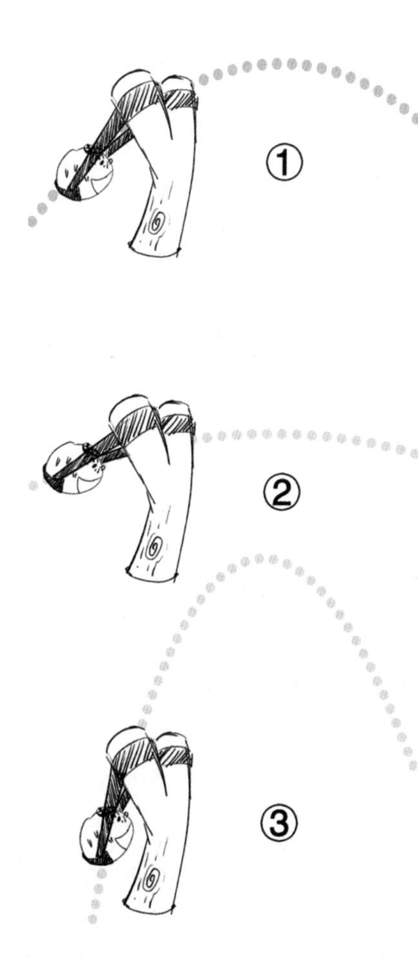

这事谁说了算?

要知道，按照上帝创造的物理定律去计算，不同的起始姿势，会演化出不一样的结果。

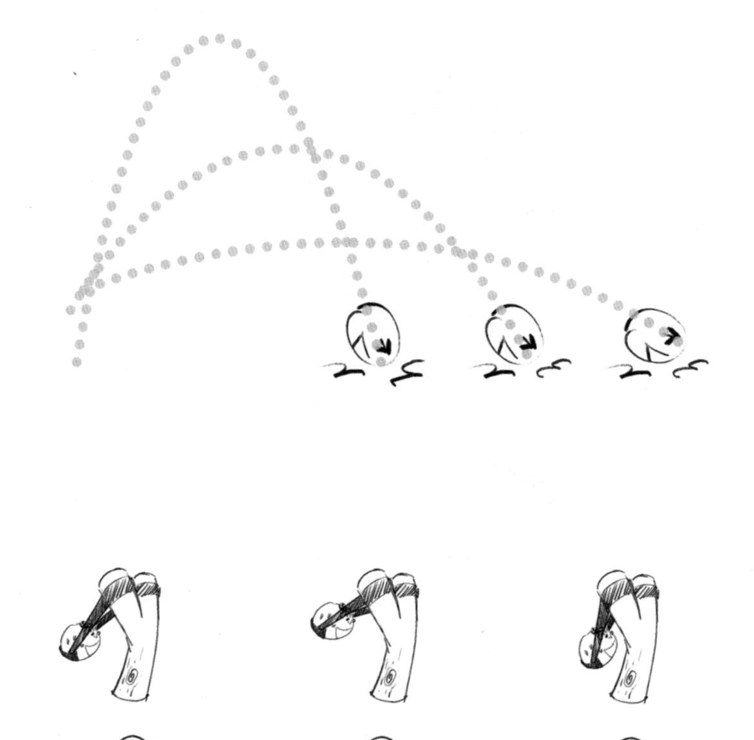

宇宙在开端时的状态，在科学上，就叫作时间起始处的“边界条件”。

关于宇宙如何开始的这个问题的答案，在信奉上帝的那些人嘴里直截了当，没错，答案是人类无法理解的，是上帝的选择。

啧！
人类一思考，
上帝就发笑。
造物主如何选择宇宙开始时的
“边界条件”，那不是渺小的人类
可以理解的。

如果这么说的话，怎么说呢，那咱基本上就没法愉快地往下聊天了。毕竟任何一个人类无法理解的问题，都可以用上帝的高不可攀来解释，对不对?

不过没关系，这次咱退一步，先接受，为了让讨论保持风度嘛，别聊着聊着聊急眼了，毕竟那对谁都不好。

按你说的，宇宙的起始姿势是上帝的选择，人类理解不了！就算事实如此，这里还有事说不通！

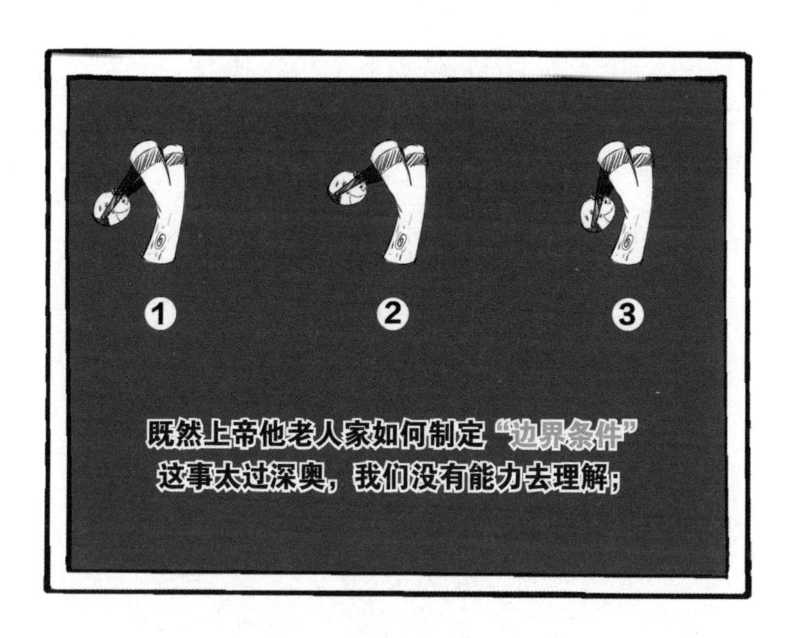
1
2
3
既然上帝他老人家如何制定“边界条件”
这事太过深奥，我们没有能力去理解；

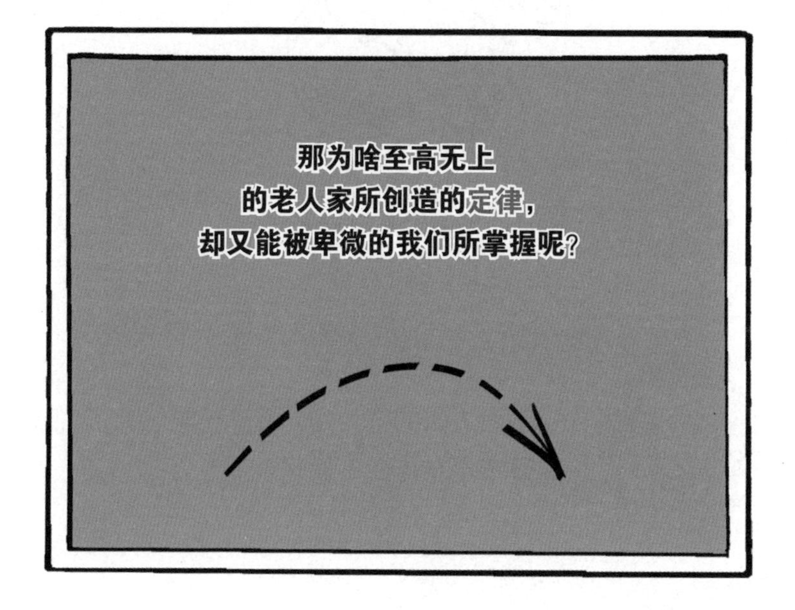
那为啥至高无上
的老人家所创造的定律，
却又能被卑微的我们所掌握呢？

你想想，宇宙起始姿势的选择，是上帝的想法，上帝的想法人类理解不了；制约宇宙演化的定律，是上帝创造的，也是上帝的想法，却能被我们掌握。

老人家的行为如此反复无常，忽高忽低的，这是不是有点说不通啊？

整个物理科学史的发展，
其实就是人类试图去找出某种解释
来证明，宇宙中任何事件的出现，
都不是某一个所谓的全能造物主
随随便便看心情做出的决定或选择。

科学家大都相信，大自然必然存在某种秩序，它既制约着定律，也制约着边界条件。

至于宇宙初始状态的选择，一定是这种自然秩序下的必然结果。

有一个叫作“混沌边界条件”的说法，就是这一思想下的产物。这个说法有两个前提。

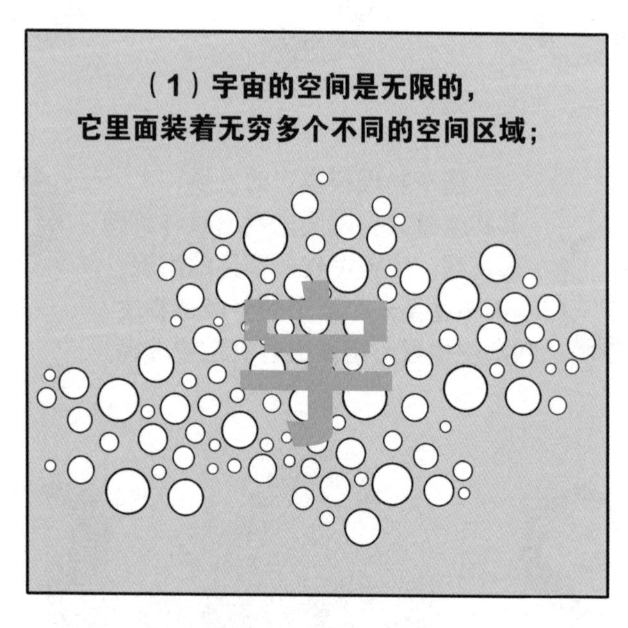

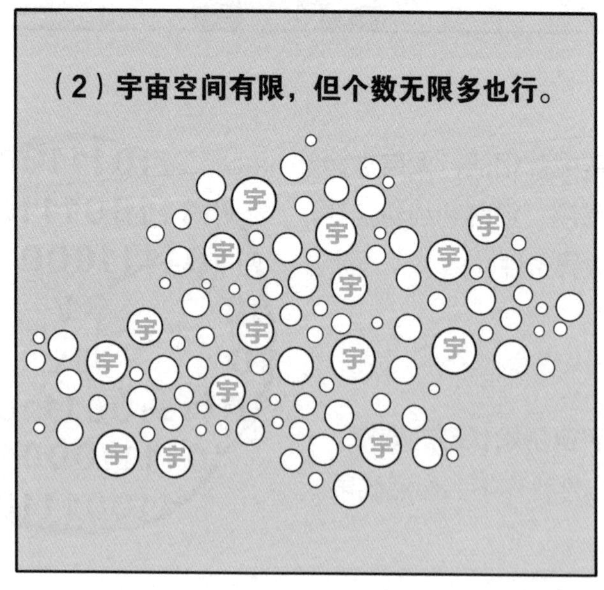

无论前提（1）还是前提（2），混沌边界条件都告诉我们，宇宙的初始状态——边界条件

宇宙初生时，任何姿势都有可能出现，每一种出现的概率都一样，每一种姿势都会演化出独一无二的宇宙。

今天，就我们观察到的宇宙而言，它看上去是一个比较光滑又有序的存在。

那么，按照大爆炸宇宙模型往回推，它就应该是从某种有序的边界条件演化来的。

可是，混沌边界条件说，初始状态（边界条件）的选择是随机的，而随机的结果是，相对有序而言，无序边界条件出现的概率要高太多了。

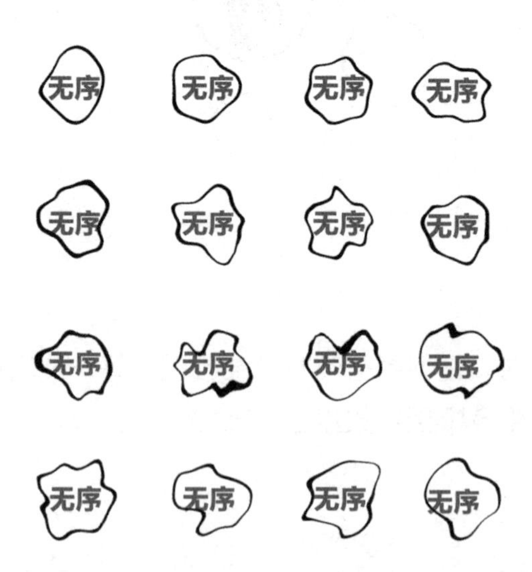

这样，问题就来了，那你说，咱的宇宙，它怎么就能这么点儿正，偏偏就开始于某种低概率的有序的边界条件呢？难不成就因为人们常说的人品好？

有一种解释叫作“人择原理”，它的基本思想是罗伯特·迪克在1961年提出的。

这个原理的中心思想表达了这样一种观点：

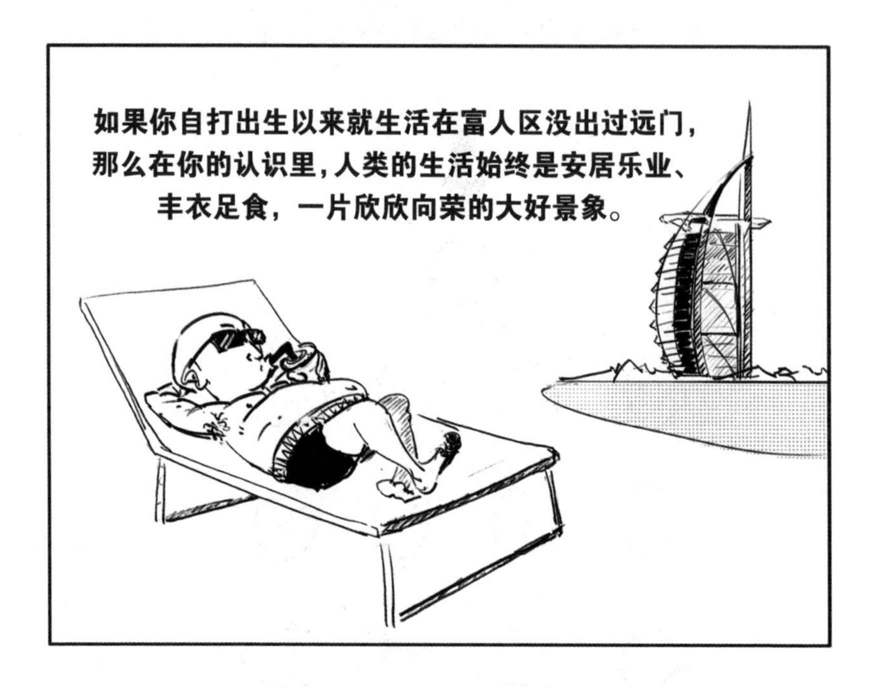

如果你自打出生以来就生活在富人区没出过远门，
那么在你的认识里，人类的生活始终是安居乐业、
丰衣足食，一片欣欣向荣的大好景象。

但你并不知道的是，事实上，此时此刻，
地球上仍有几亿人正饿着肚子，温饱问题尚未解决。

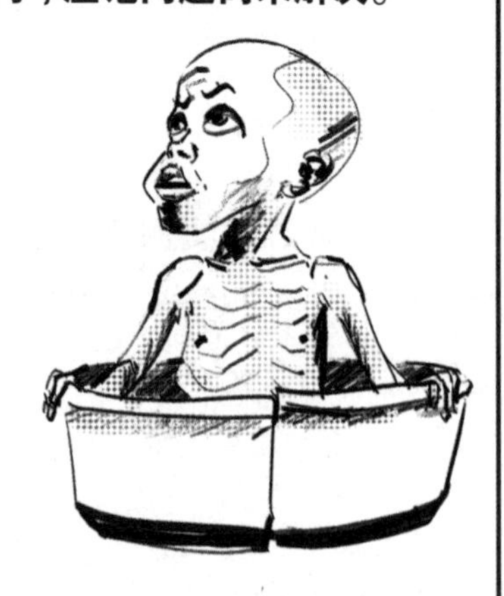

在统计学上，这种认识上的局限叫选择偏差。假如以这种思维放眼整个宇宙，那么，接下来的观点就会让人觉得听上去合情合理：

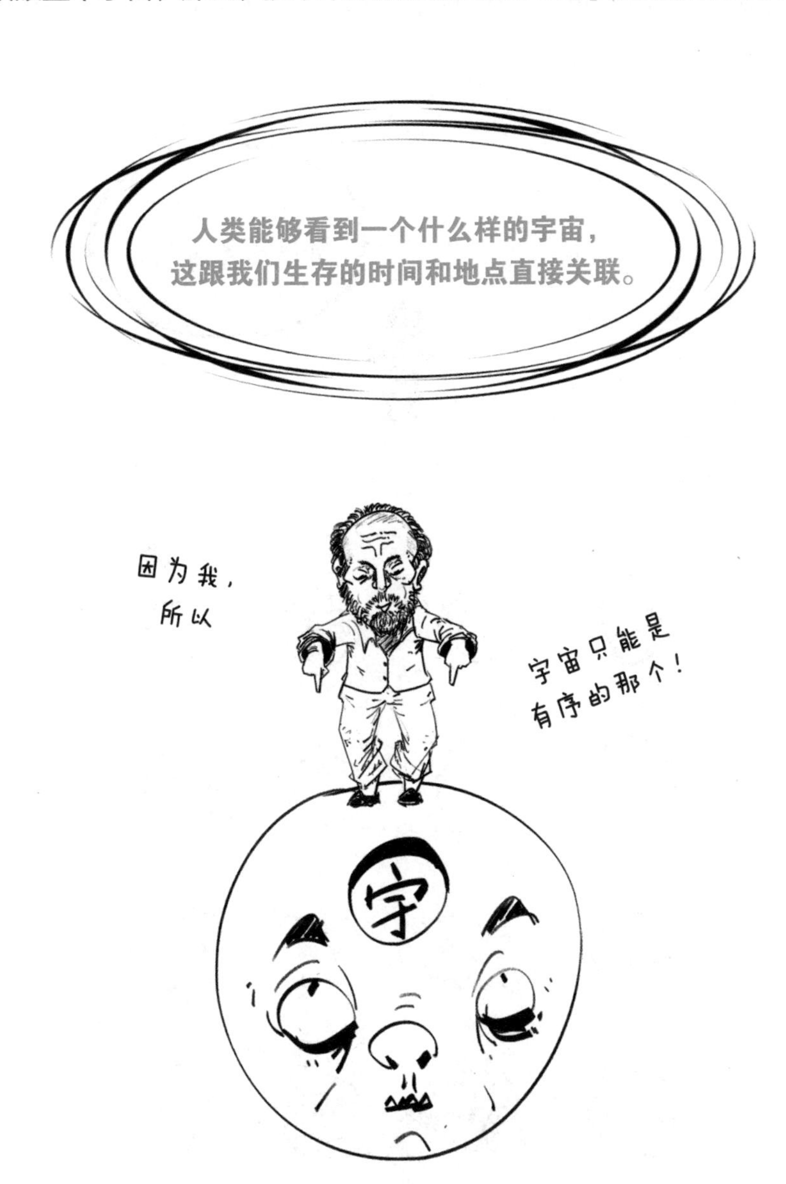

人类能够看到一个什么样的宇宙，
这跟我们生存的时间和地点直接关联。
因为我，
所以
宇宙只能是
有序的那个！
宇

换句话说，人类存在这个事实，就决定了我们所在的宇宙，必须起始于有序的状态，因为无序的宇宙里，很可能演化不出人类。在那里，不会有人提出“我们凭什么运气这么好”这个问题。

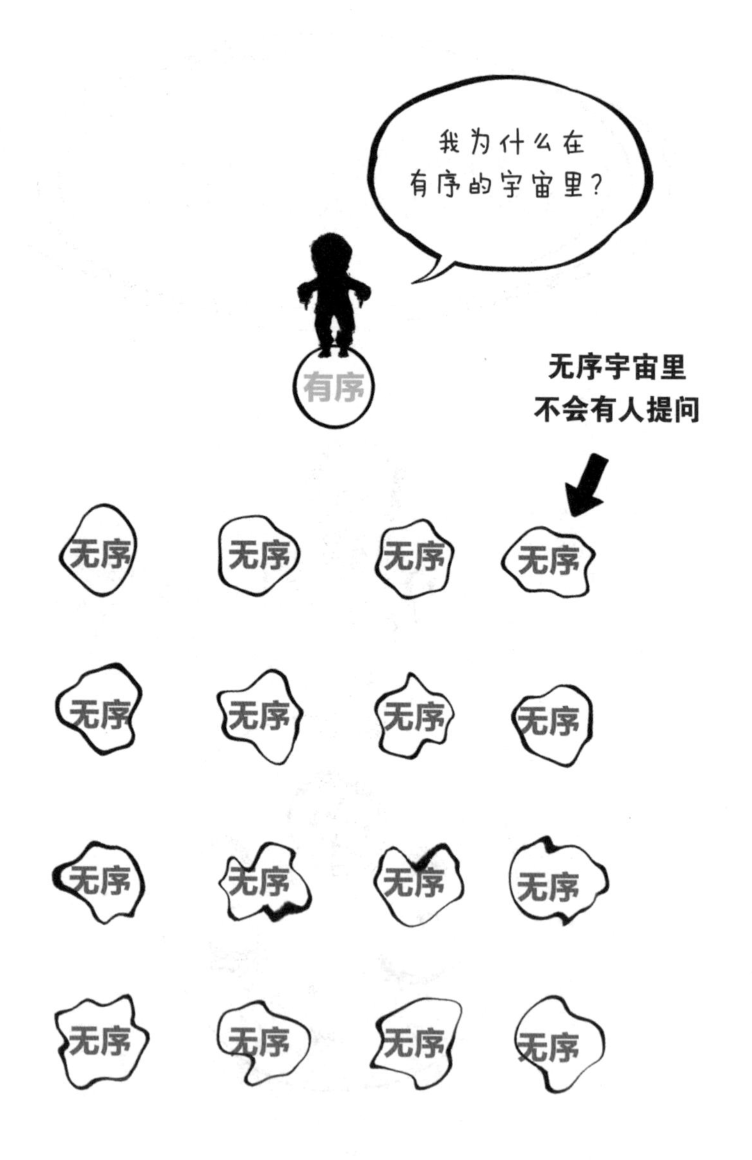

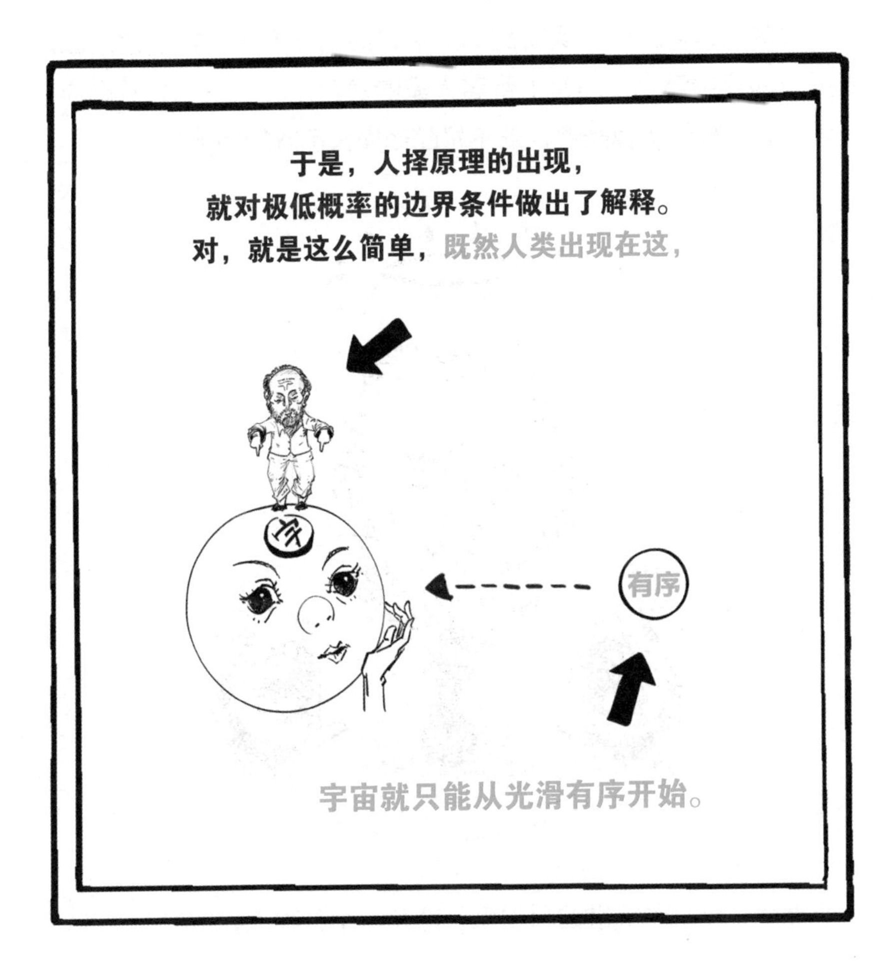

于是，人择原理的出现，
就对极低概率的边界条件做出了解释。
对，就是这么简单，既然人类出现在这，
有序
宇宙就只能从光滑有序开始。

这样的回答逻辑上的确说得通，不过它似乎并不能完全摆脱“宇宙是由某个神灵精心安排的”这种可能。

因此，造物主的忠实粉丝仍然可以跳出来宣布，宇宙之所以从光滑有序开始演化，乃是上帝老人家的良苦用心。毕竟光滑有序是一种极为苛刻的边界条件，那不是随便撞大运就能撞上的！

然而，但凡是标准的科学家，都有一个共同点：

美国麻省理工学院的艾伦·古斯就是个典型。为了彻底挣脱上帝参与创生的纠纷，同时解释传统“大爆炸理论”的遗留问题，他于 1981 年对“大爆炸理论”进行了升级改造，提出了著名的暴胀宇宙模型。

古斯认为，在宇宙早期，曾经发生过一小段极为猛烈的膨胀过程。在某一段时间里，宇宙膨胀的速度快到一种变态的程度，这种暴胀的效果就是：无论宇宙边界条件是啥样都不重要，一旦经过暴胀的洗礼，几乎所有宇宙造型都会被这一波操作暴力抻平。

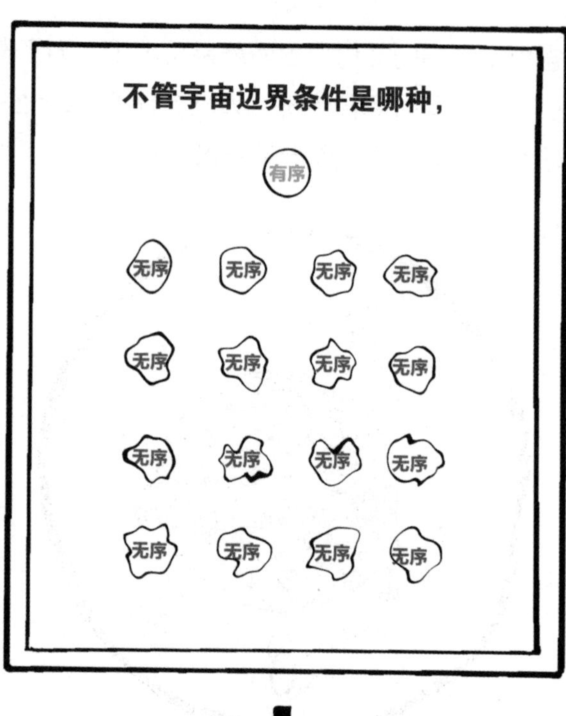
不管宇宙边界条件是哪种，
有序
无序
无序
无序
无序
无序
无序
无序
无序
无序
无序
无序
无序
无序
无序
无序
无序

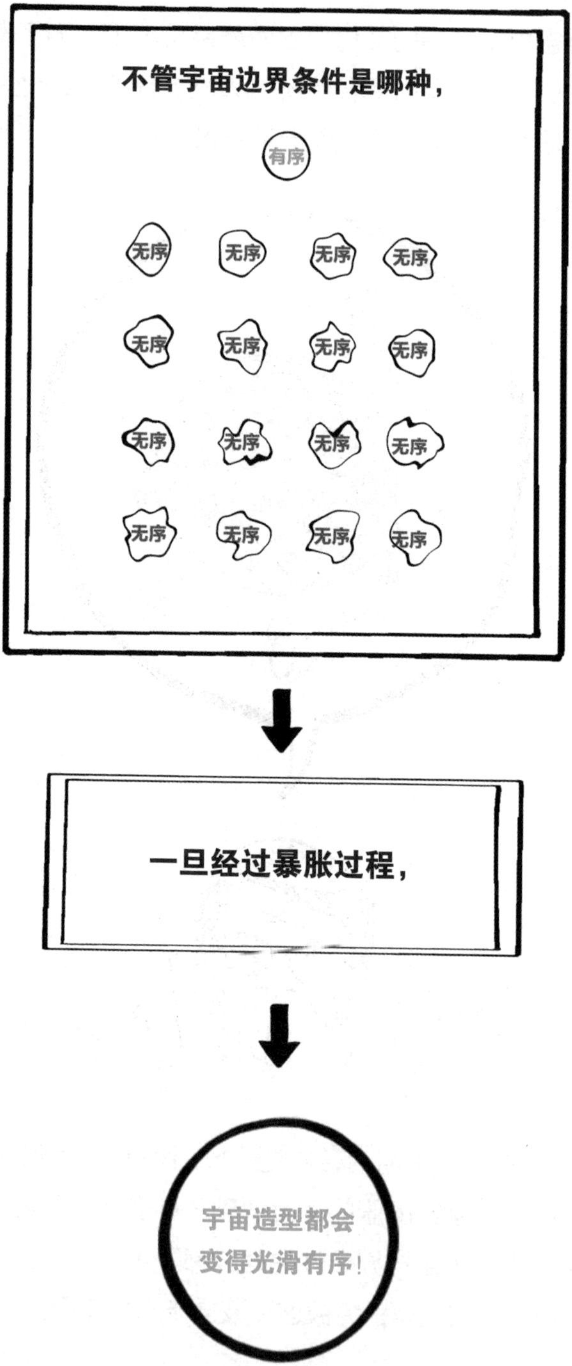

一旦经过暴胀过程，

宇宙造型都会
变得光滑有序！

这就像吹气球，吹之前气球褶皱多种多样，而吹起来以后，所有气球表面都是光滑的。

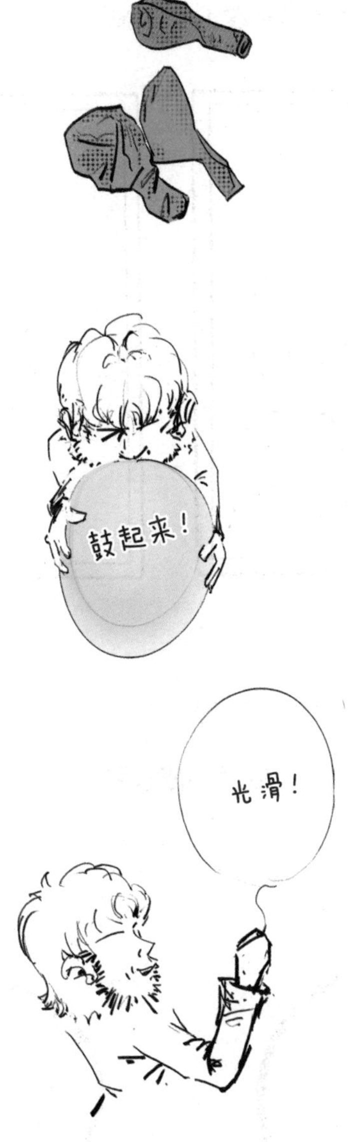

几十年来，暴胀宇宙模型做出的理论预言与实验结果吻合得相当完美。

无疑，暴胀理论是十分成功的。但即便如此，这个理论也并不是万能的。事实上，无论概率有多低，总有一小撮儿边界条件格外奇葩的宇宙，并不能被暴胀理论“驯服”。

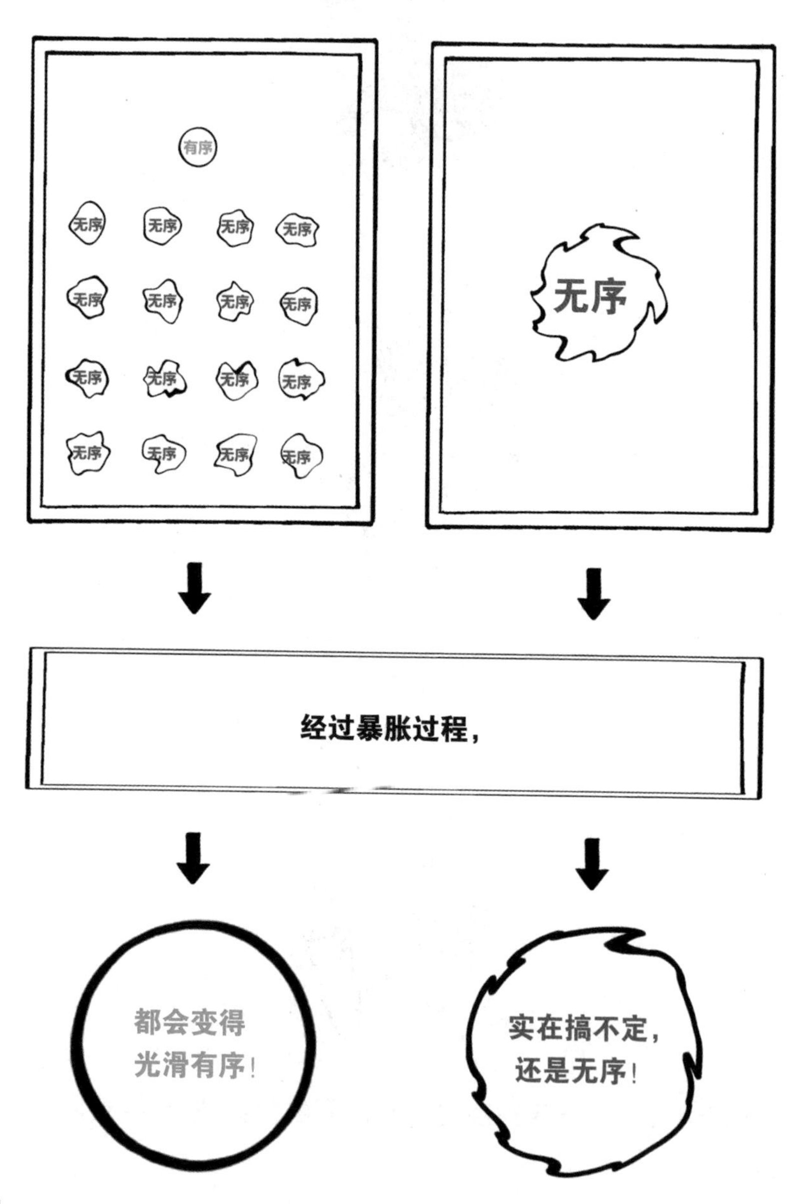

于是，热衷于较真儿的人就会再次发问：

如果不用人择原理说事，我们能怎么办呢？要知道，彻底说清楚宇宙起始的问题，人们就得找到一个量子引力理论，这个理论可以代替广义相对论，在宇宙开端的奇点处生效。

这样我们才能通过计算，真正找到宇宙的初始状态。只不过，这个任务实在过于艰巨，目前看来，人类的物理学进展，离这个目标还有相当遥远的距离。这就应了那句话：革命尚未成功，同志仍需努力啊！

不过，让人欣慰的是，虽然寻找量子引力理论看似遥遥无期，然而，我们还是可以根据现有的认识，对宇宙进行合理的想象。尽管全世界都把黑洞辐射看作霍金一生最伟大的科学成就，然而霍金本人却并不同意这个说法。

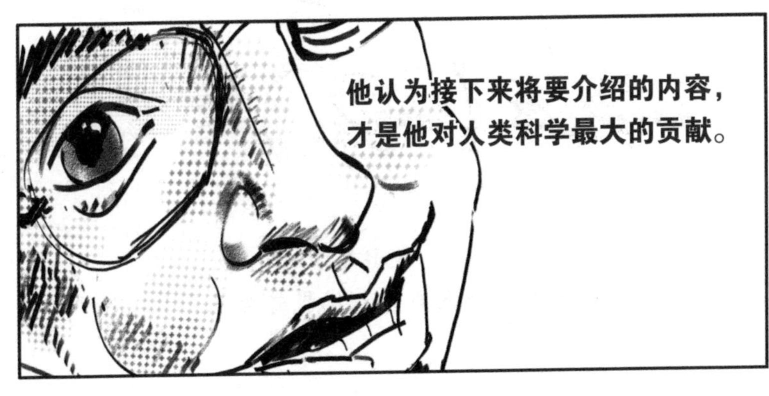

他认为接下来将要介绍的内容，
才是他对人类科学最大的贡献。

为了彻底搞定宇宙的开端和结局这个闹心的问题，霍金脑洞大开，想出了一个物理概念，叫虚时间。

这个词儿乍一听让人觉得有点“科幻”，是不是？但实际上，它是一个在数学上有着明确定义的概念。

首先，我们得先说说虚数是啥。
我举个例子来说吧，初中生都知道，

是一个实数

也是一个实数

不难发现，
实数只要乘自己，结果肯定是正数。

那好，现在有这么一种奇怪的数字，
自己乘自己，结果是个负数，
比如：

这里的2i就是虚数了。
“虚时间”就是用虚数来测量的时间。

简单介绍一下“虚数”的概念就行了，“虚时间”涉及的数学内容，事实上被应用于一种叫作“历史求和”的理论当中，由于内容过于复杂烦琐，这里就不过多介绍了，我们只说结论。

在以“实时间”（人们常识中时间的概念）为基础的经典理论中，宇宙的存在有两种可能：

实时间

（1）宇宙存在了无限长时间；

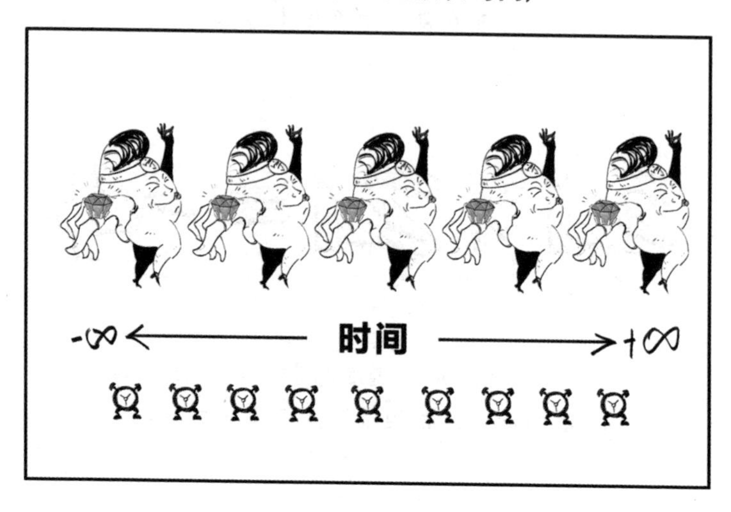

（2）宇宙在过去某一时刻嘎嘣一下蹦出来了。

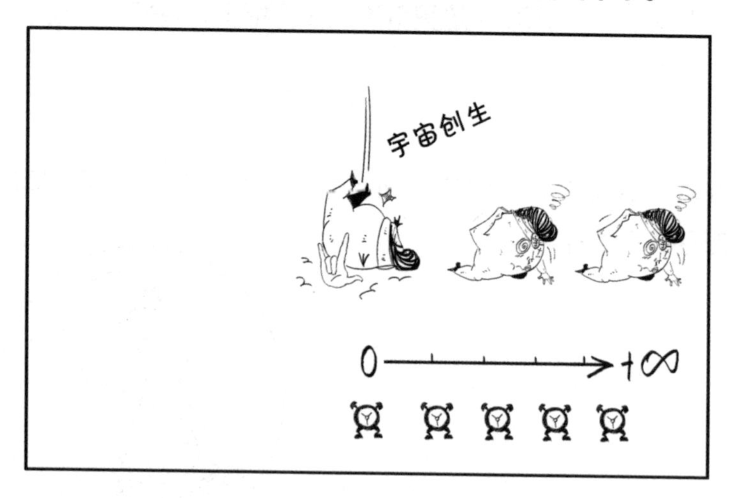

而按虚时间的逻辑来思考，宇宙还存在第三种可能的情况——

打一个经典的比方，时空就像一个篮球的表面，人类就像趴在上面的一只毛毛虫。表面积大小是有限的，但对于毛毛虫来说，无论朝哪个方向爬，却永远也爬不到头。

这就是霍金提出的无边界宇宙模型。

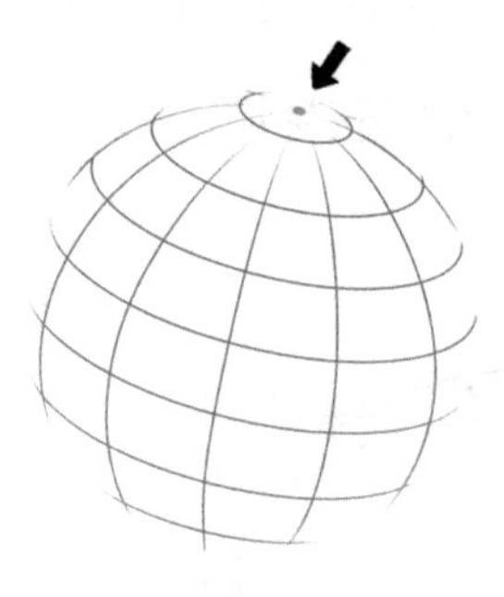

在这里，
北极点就是时间开始的地方，

经线代表虚时间的发展方向，

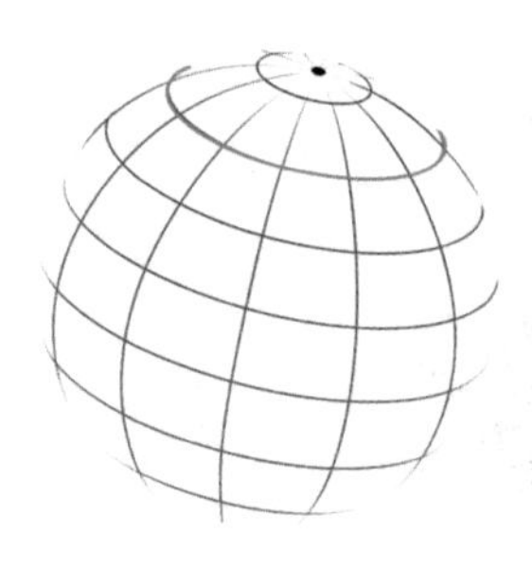

纬线代表宇宙的尺寸，

随着虚时间的流逝，
宇宙会在某一时刻达到最大的尺度，
之后收缩，并终结于南极点。

请注意，在这个模型中，北极点和南极点那里，就对应着实时间中大爆炸和大挤压的奇点。

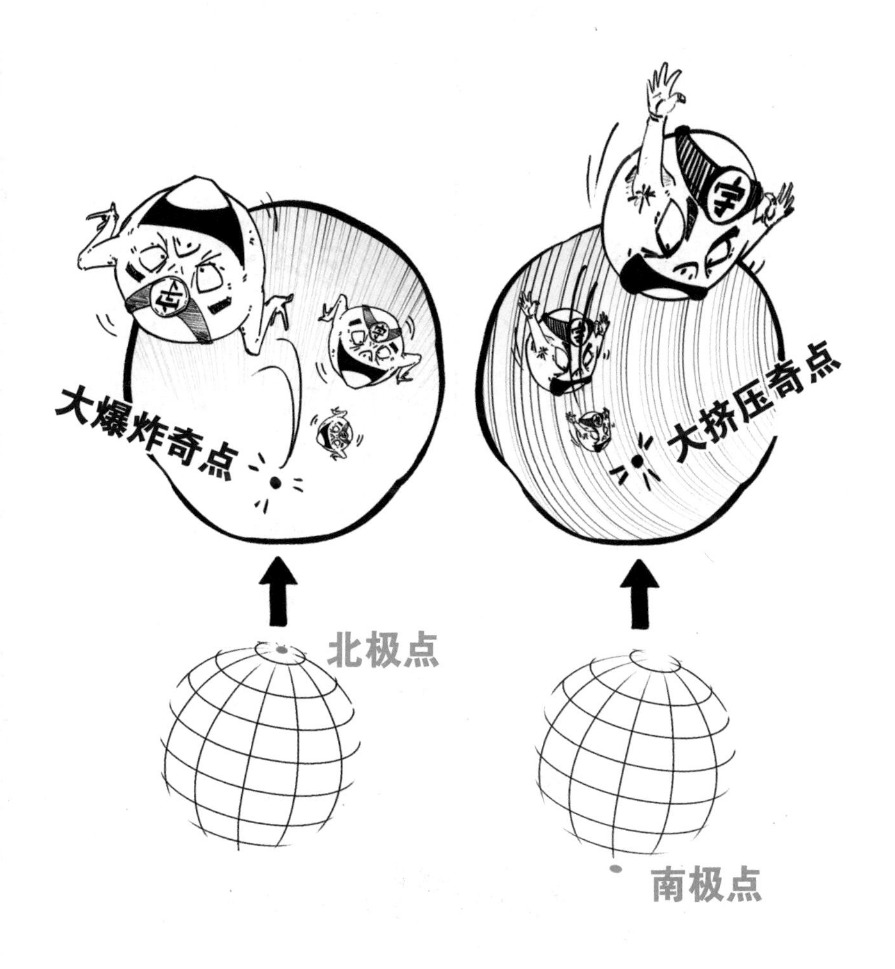

只不过，在虚时间的模型里，北极点和南极点两点，与其他地方没有任何不同。

想想看，地球上的北极点和南极点，其实就是人为定义的，对吧？它们跟地球其他位置没什么不一样。

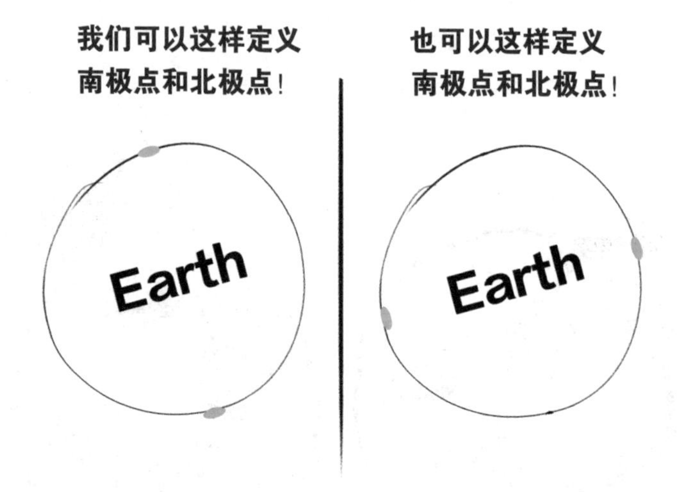

如果我们在南北极点上做物理实验，实验结果跟别处是一样的。

同理，虚时间宇宙模型中，
南北极点也是人为定义的，
跟别处没有不同。
物理定律在这个模型的别处生效，
在南北极点同样生效。

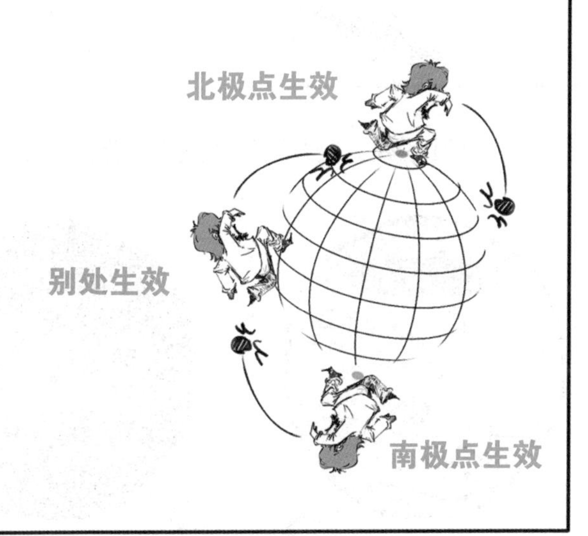

这就有别于传统的宇宙模型，
传统宇宙模型中，
物理定律在奇点处失效。
（因此奇点就是边界）

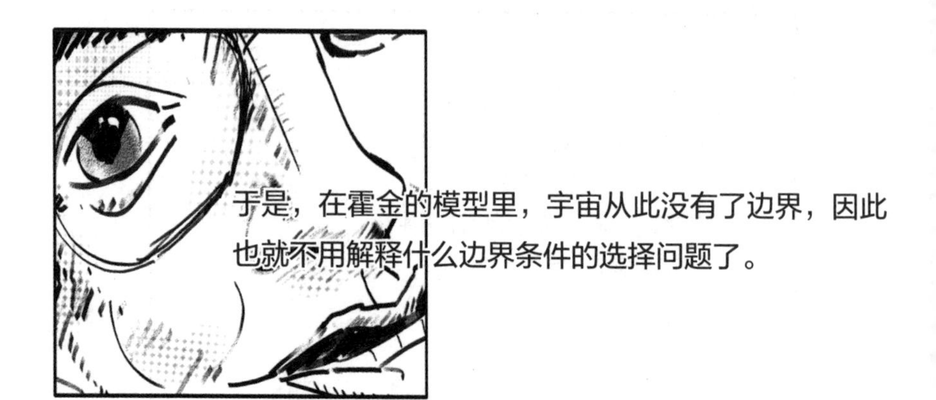

于是，在霍金的模型里，宇宙从此没有了边界，因此也就不用解释什么边界条件的选择问题了。

这就一举铲平了那个困扰人类几千年的关于宇宙开端和结局的问题。

如果有人问：

大爆炸之前、大挤压之后，
宇宙究竟会怎样？

我们就可以反问：

地球上，南极点之南是哪儿？
北极点之北又是哪儿？

这……

显然，是问题本身出了问题，因为地球上没有南极南和北极北。同理，宇宙也没有大爆炸之前、大挤压之后。

听到这儿，我猜你可能会想，这个脑洞开得有点大了吧？虚时间只不过是霍金假想出来的物理概念，并不代表现实，怎么能说解决了问题呢？

然而，武子要反问一句：实时间难道不是人们想象出来的吗？我们凭什么说实时间反映的就是真实世界呢？

还记得在本套书另一册《咣！炸出一个宇宙》里，咱们是怎么说的吗？物理理论只是一种工具，并不代表现实。

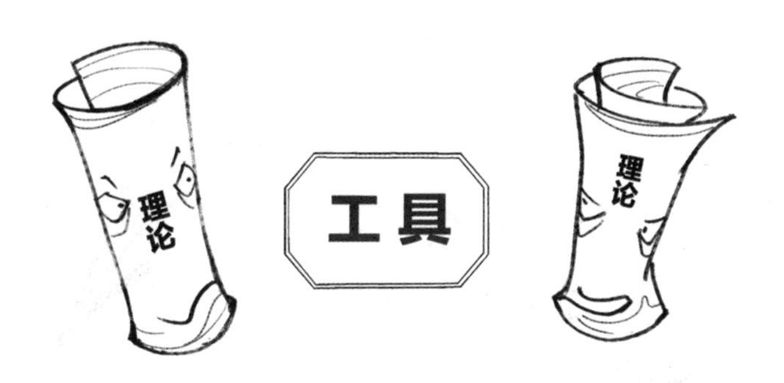

哪个理论方便好使，能够解释现有现象，并能成功预测未来，那我们就用哪个。

现在看来，或许用虚时间描述宇宙的理论更让人满意，毕竟用它时，物理定律不会说崩溃就崩溃。

并且，根据目前的证据来看，无边界宇宙模型所做出的理论预言，与天文观测证据并不存在任何矛盾。

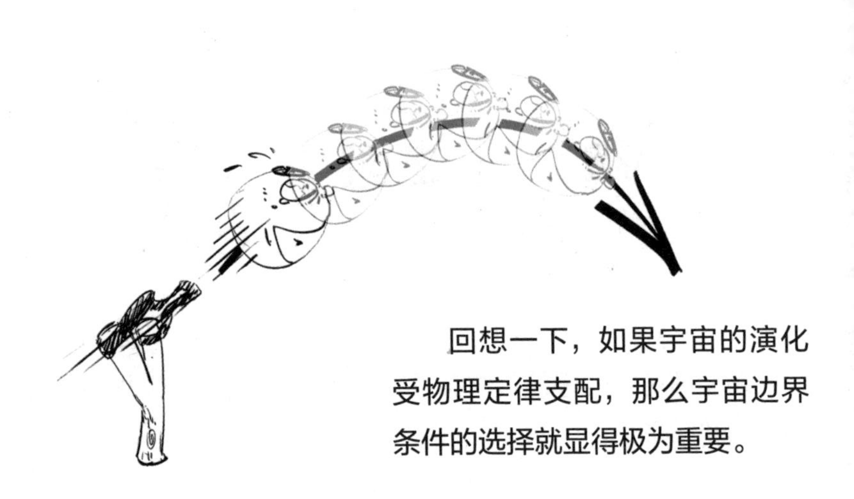

回想一下，如果宇宙的演化受物理定律支配，那么宇宙边界条件的选择就显得极为重要。

这为上帝执行“第一推动”留下了操作空间。

然而，如果像霍金所说的，宇宙压根儿就没有边界呢？那，上帝他老人家，是不是真就没地方待了……

第2章
时间究竟在往哪儿流?

在人类的经验里，时间似乎是有方向的，人们将其称为“时间之箭”。“时间之箭”分为3种，分别是“热力学时间之箭”“心理学时间之箭”“宇宙学时间之箭”，它们分别代表着宇宙正在走向混乱、大脑只能记住过去发生的事件和宇宙正在膨胀。目前看来，这3种“时间之箭”的方向是统一的，而我们需要找出三箭同向的理由。另外，穿越时空有可能吗？

=第 1 节　时间都去哪儿了呢？=

一个乍一听很好回答，仔细一想又张不开嘴的问题！

如果你阅读过本套书另外两册，你就不难发现，随着科学的发展，人类对于时间的观念一次次地发生着变化。

早先，人们相信牛顿“绝对时间”的说法，宇宙里存在一个统一的标准钟，所有人都用这同一个钟看点儿，大家的时间全一样。

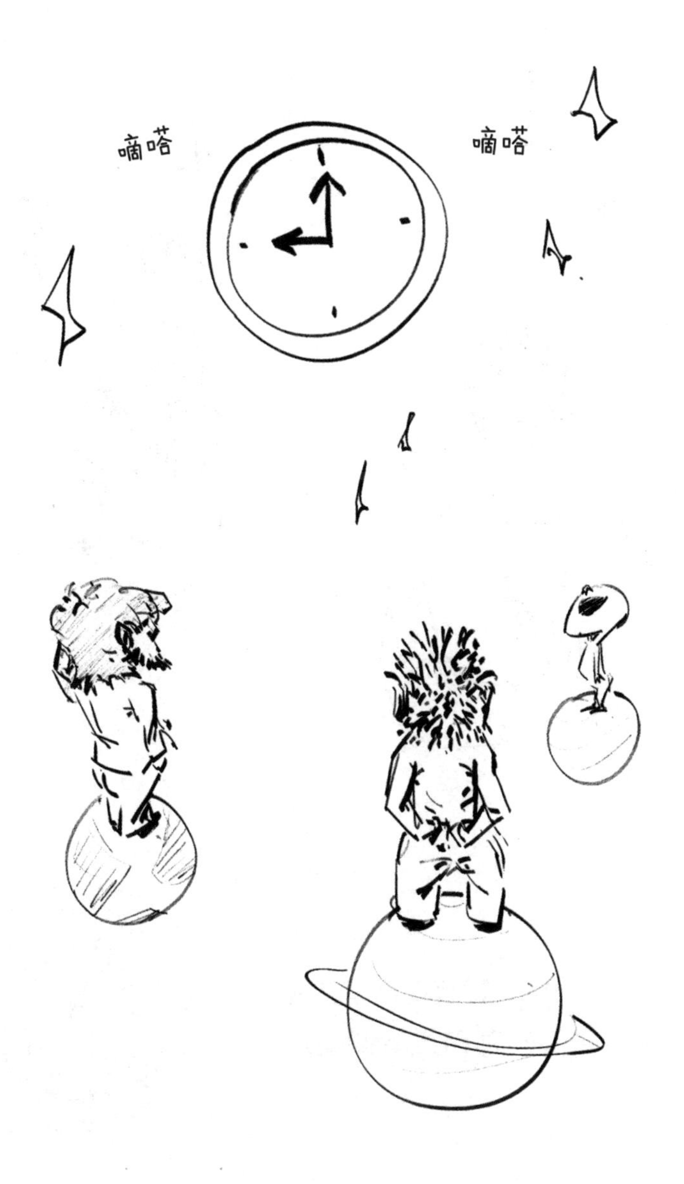

20 世纪初，爱因斯坦颠覆了这个观念，他告诉我们宇宙里每个人手里都有一个钟，大家各看各的时间，每个人的时间流逝速度是不一样的。

而在上一章中，霍金提出了虚时间的想法，它是一种用虚数测量的时间。

将它应用在无边界宇宙模型当中，就可以绕开宇宙起始时边界条件的难题。

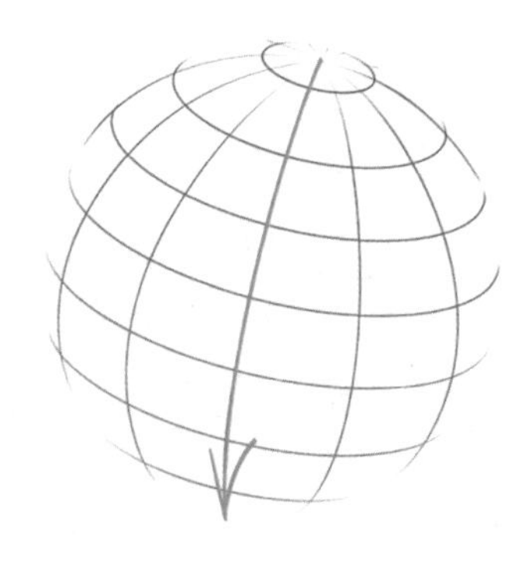

经线代表虚时间的发展方向。

在虚时间中，人们可以朝前走，也可以朝后走。

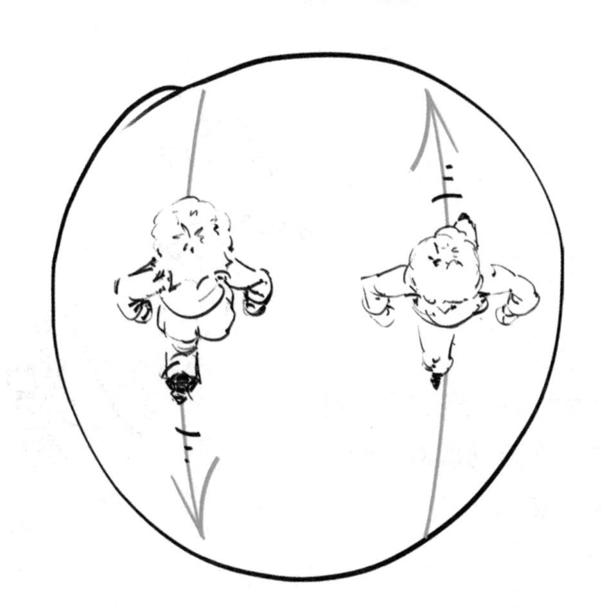

显然，这跟实时间存在天壤之别！

人们在实时间当中无法前后游走，颠来倒去。谁都知道，这个世界上没有人能返老还童。

生命只会渐渐走向枯萎，时间只能朝着一个方向慢慢流逝，这似乎是天经地义的。

因此，在人类的经验里，时间似乎是有方向的，它被称作：

代表着时间流逝的轨迹。

但我们要知道，在科学里，并不存在理所当然的结论。让科学家始终无法理解的是，事实上科学定律并不区分过去和未来，牛顿的方程无论往前推还是往后倒，都是一样好使。

比如你告诉了我一个棒球在某一时刻的运动状态。

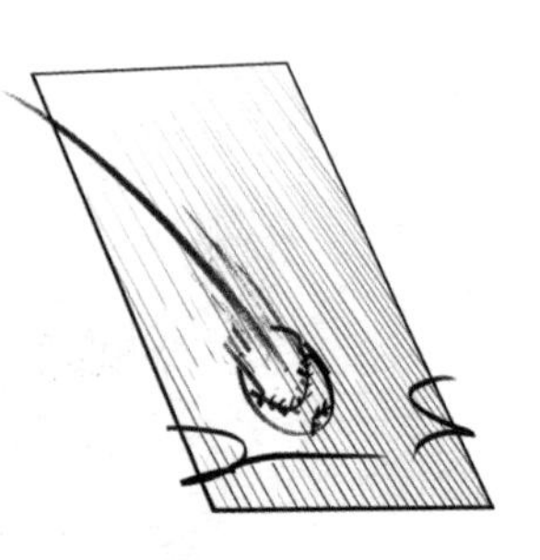

根据力学定律，我既可以预测棒球在 5 秒后落地的位置，

也能推算出 3 秒前它起飞时的地点。

往后算、往前算都好使！

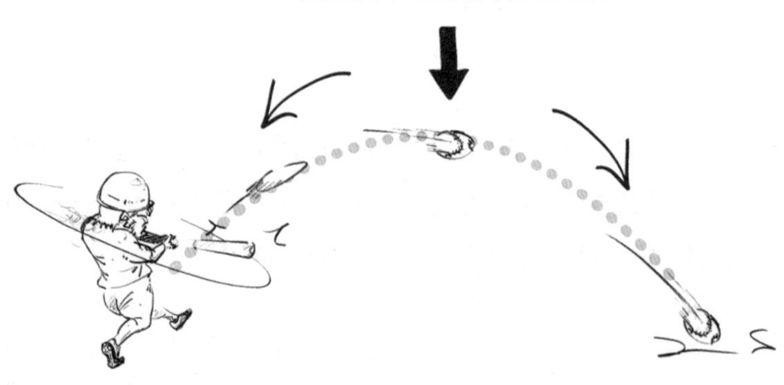

那么，既然物理定律不区分以往还是将来，“时间之箭”为什么会存在呢？为什么我们从来没见过时间倒流的情况发生呢？

一个被人们广泛接受的说法——它是热力学第二定律导致的结果。

我们在本套书另外两册的章节里介绍过热力学第二定律，“熵”是描述系统混乱程度的物理量。

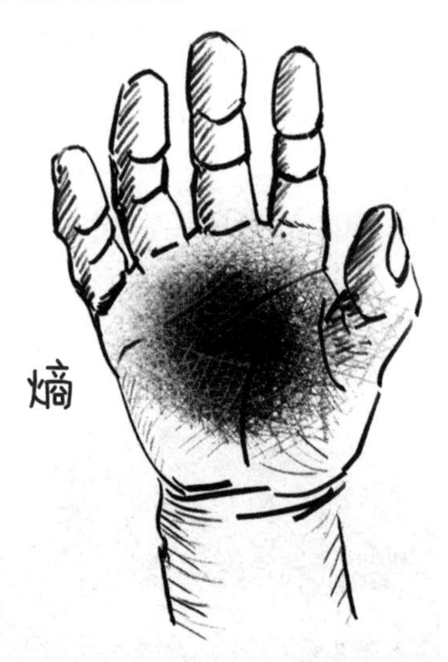

“熵增加原理”的意思是说，混乱是一种趋势，孤立系统的熵只会增加，不会减少。

宇宙只会变得越来越混乱。

于是，我们会看到，在时间流逝的过程中：

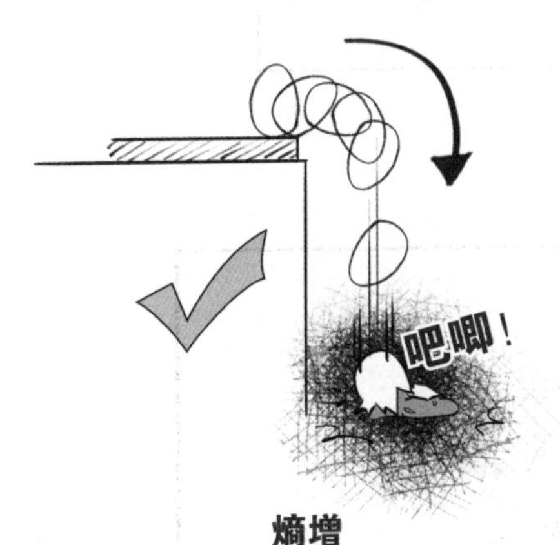

鸡蛋掉在地上被打碎；
（变得越来越乱）

香槟从瓶子里喷出来；
（变得越来越乱）

而从不曾看到相反的操作。

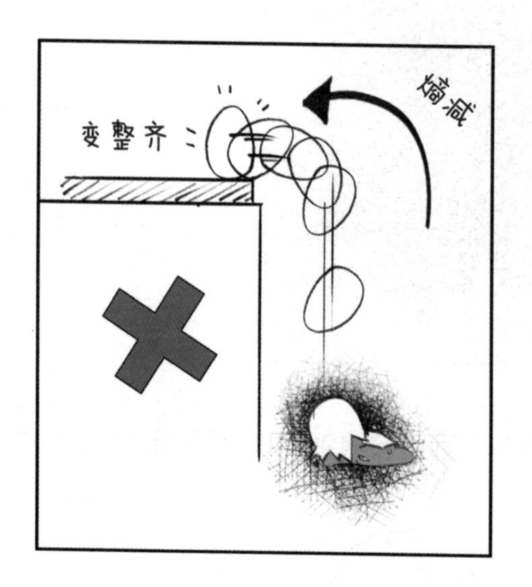

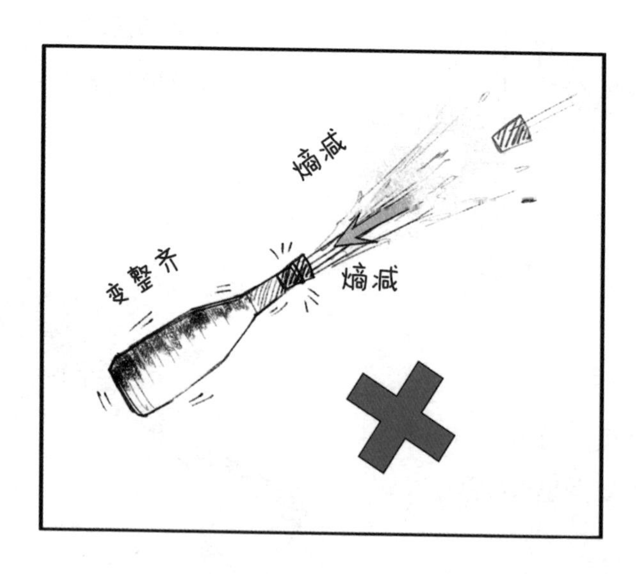

因此，科学家普遍认为，熵增的方向就是“时间之箭”的方向。

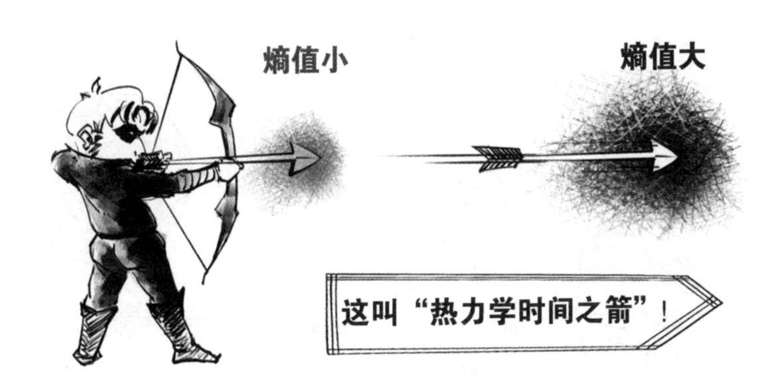
熵值小
熵值大
这叫“热力学时间之箭”！

不过，“热力学时间之箭”其实只是“时间之箭”中的一种，在科学里，还存在另外两种“时间之箭”。

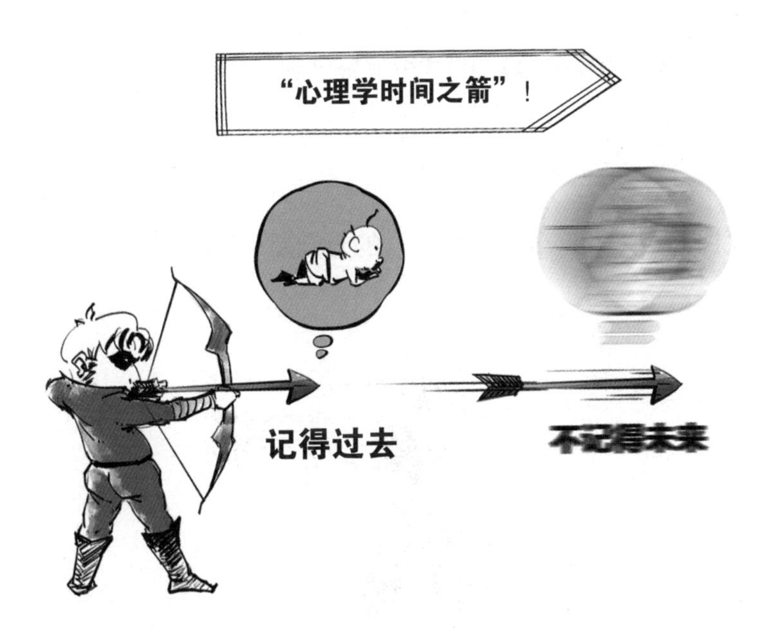
“心理学时间之箭”！
记得过去
不记得未来

“心理学时间之箭”是说，在时间流逝的方向上，人们头脑中留下的，全部都是那些发生在过去的事儿，没有谁能记得将来会发生什么。

“宇宙学时间之箭”！

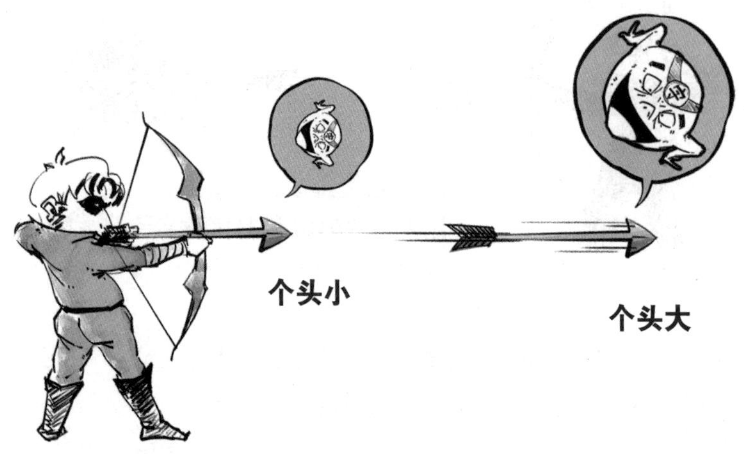

而“宇宙学时间之箭”的意思很好理解：在时间流逝的方向上，宇宙一直在膨胀。

就目前看来，这 3 个“箭头”的方向是一致的。

但问题是……

凭什么？三箭同向仅仅是一种巧合，还是它背后存在着物理的必然性？接下来让我们唠唠这事。

1. 热力学时间之箭

这个不难理解，它其实是一种统计规律的必然，宇宙总是从有序走向混乱。

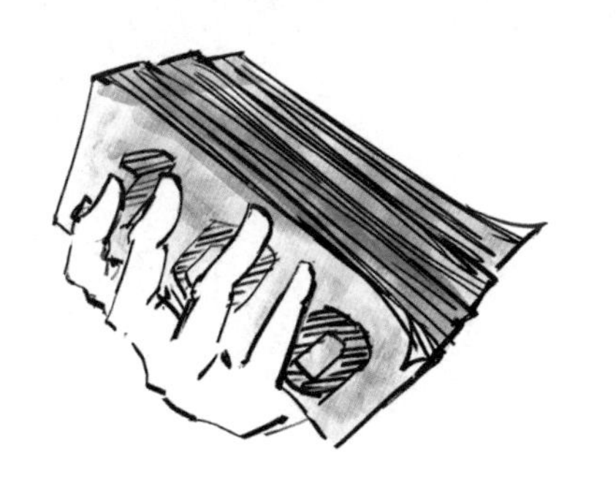

比如这儿有一摞钞票，
一共 100 张，
它们按顺序排列得很整齐。

如果我往天上一扔，
接下来钞票的排列会发生什么变化？

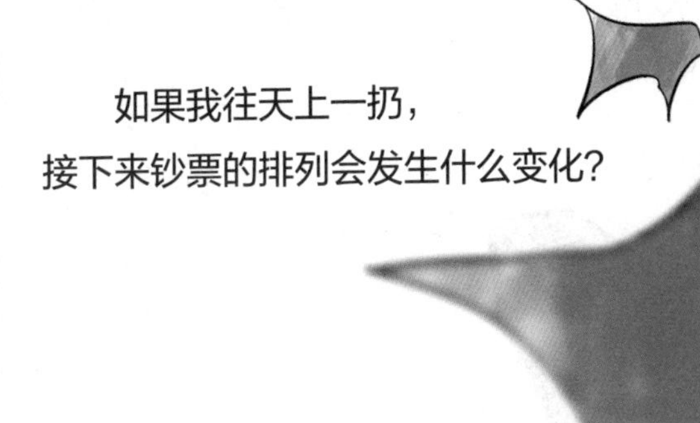

这其实都不用仔细思考，闭着眼都能想象到，最可能的结果就是：钞票散开，落得满地都是，乱七八糟。对于钞票来说，这就是熵增加了，对吧？

熵为什么会增加呢？为什么不能减少或者不变呢？

答案其实很好理解，因为使得熵减少或者熵不变的“整齐的”钞票排列方式，实在太少太少了。

而可以使得“熵增大”的“混乱”的排列方式大把大把地存在。

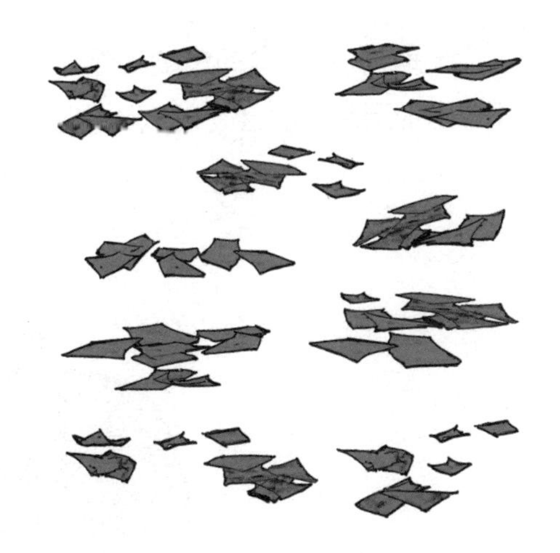

与“混乱”相比，“整齐”排列的钞票数少得可怜，两者根本就不在一个级别。

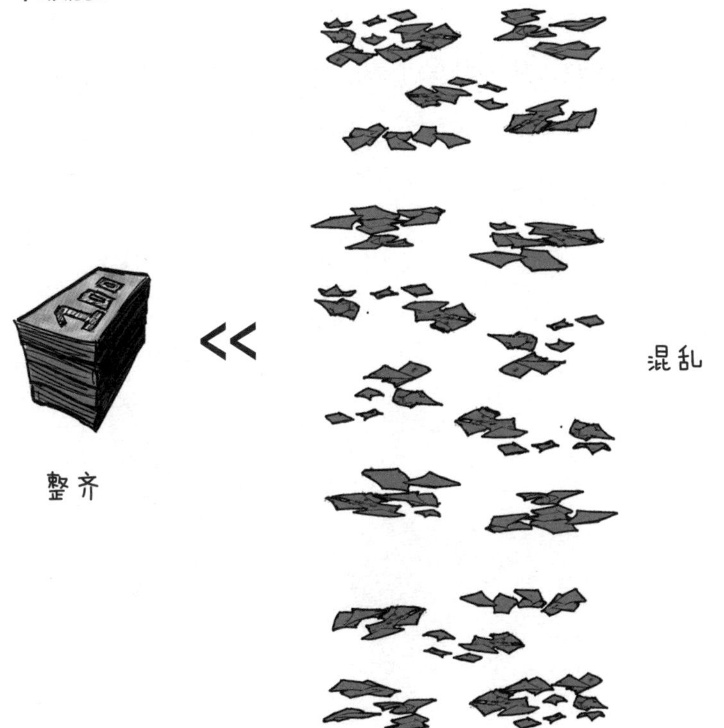

于是，从统计学的角度来看，如果每种排列出现的概率是随机的，那么出现混乱的机会，就要比出现整齐的机会大太多太多了。

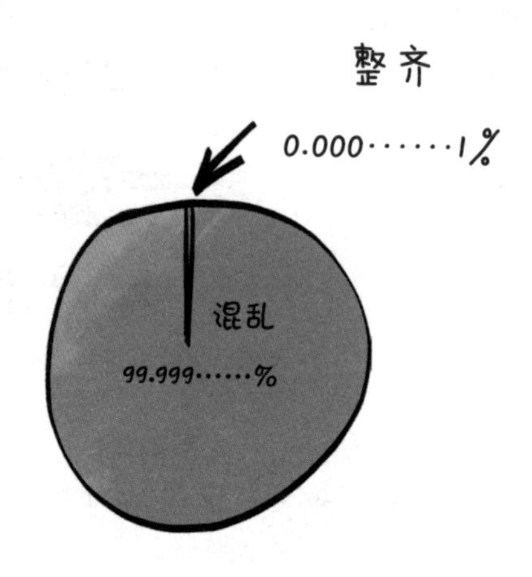

也就是说，从纯数学上看，钞票被抛向空中，下落后，最后整整齐齐地在地上排列成一摞，这种情况并不是不可能发生的。

只不过，它发生的概率低得几乎可以忽略不计，以至于假如有人从宇宙创生那一刻就开始这么干了，到今天为止，都还没发生过一次。

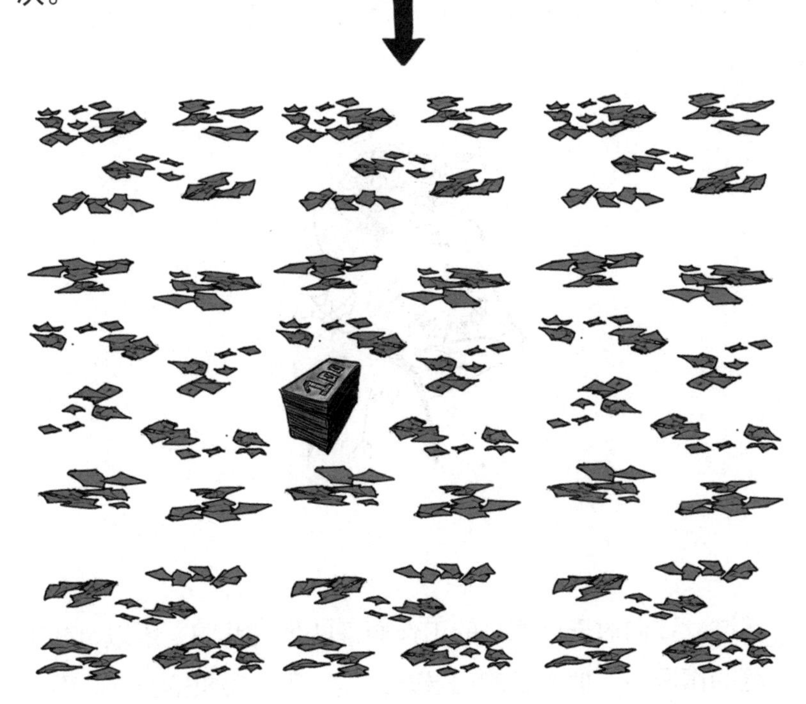

这就是为什么宇宙会从有序走向混乱，全是概率惹的祸。

打、打、打劫！
脸上套个裤衩
我照样认识你！

2. 心理学时间之箭

这无疑是由人类大脑产生的，而目前我们还不完全清楚人类大脑的工作原理。

不过，我们对于计算机的工作原理的确门儿清，所以，在不了解大脑的情况下，把人脑的记录方式类比于计算机的方式，看上去显然是一种合情合理的做法。

想想看，在这个世界上，干任何事都需要消耗能量，计算机记录信息当然也不例外。谁都知道，这事消耗电能。

而我们又知道，计算机只要一开机就会发热。

一旦中央处理器或者某个部件过热，计算机很可能死机，死机还怎么记录信息呢？

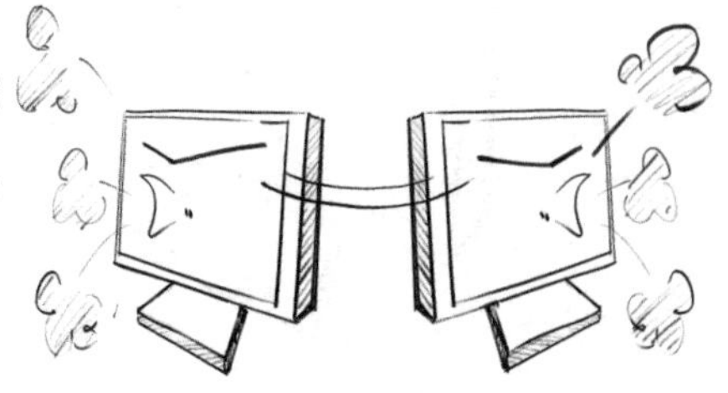

因此散热是必须做的，这就是为啥计算机内通常会安装好几个风扇，因为要把热量吹出去。

那你说，排出去的这个热量是什么呢？

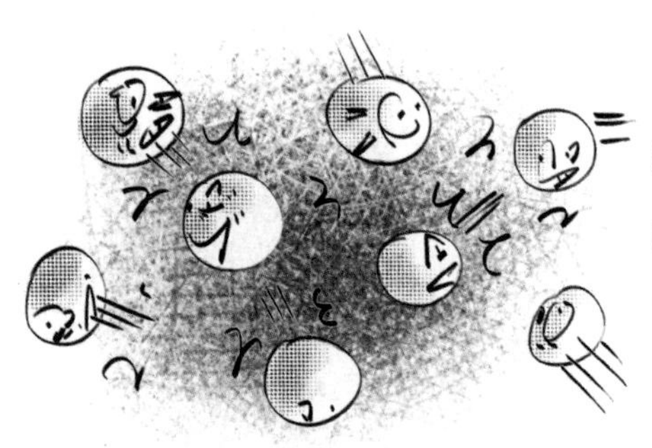

其实它就是计算机运算过程中引起的空气分子杂乱无章的运动，是一种无序的动能，由电能转化而来。

在记录信息的过程中，这种无序被释放到宇宙里，于是宇宙变得更加混乱，熵增加了。

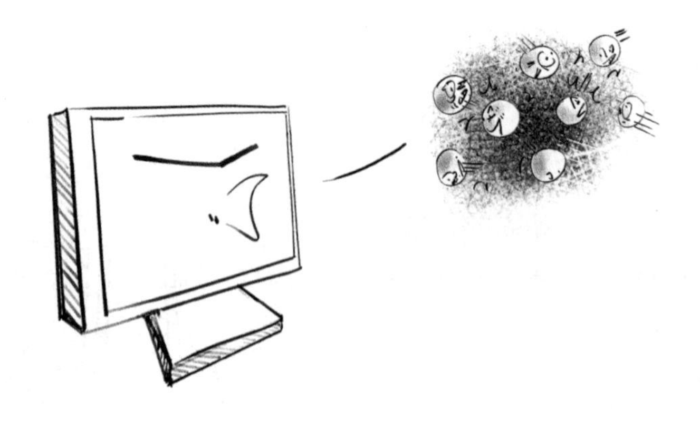

然而，记录的过程本质上是让硬盘上的某些物质，从杂乱无章的随机状态，排列成整齐有序的状态。

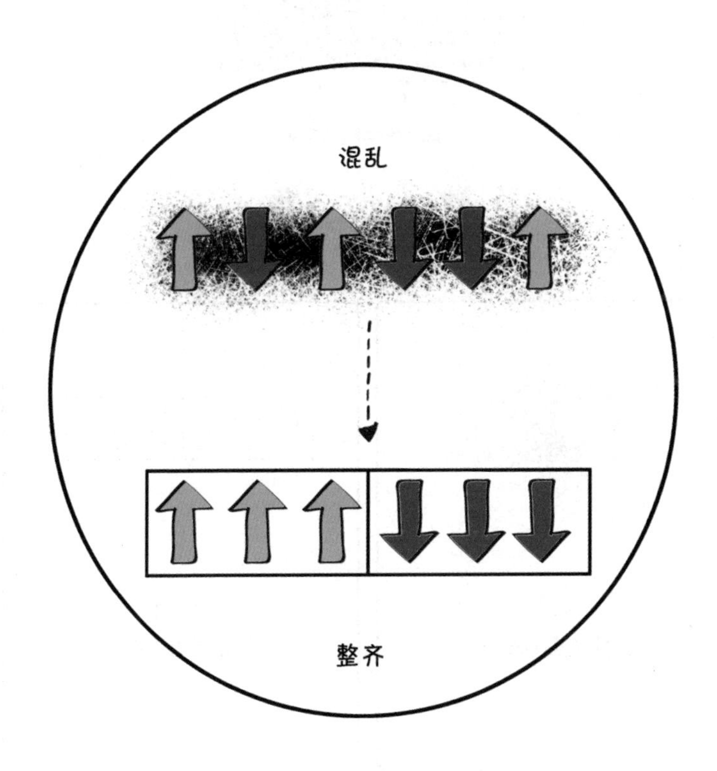

因此，记录的动作让宇宙变得更整齐了。

于是，从计算机记录的整个过程来看，混乱和整齐被同时制造出来。

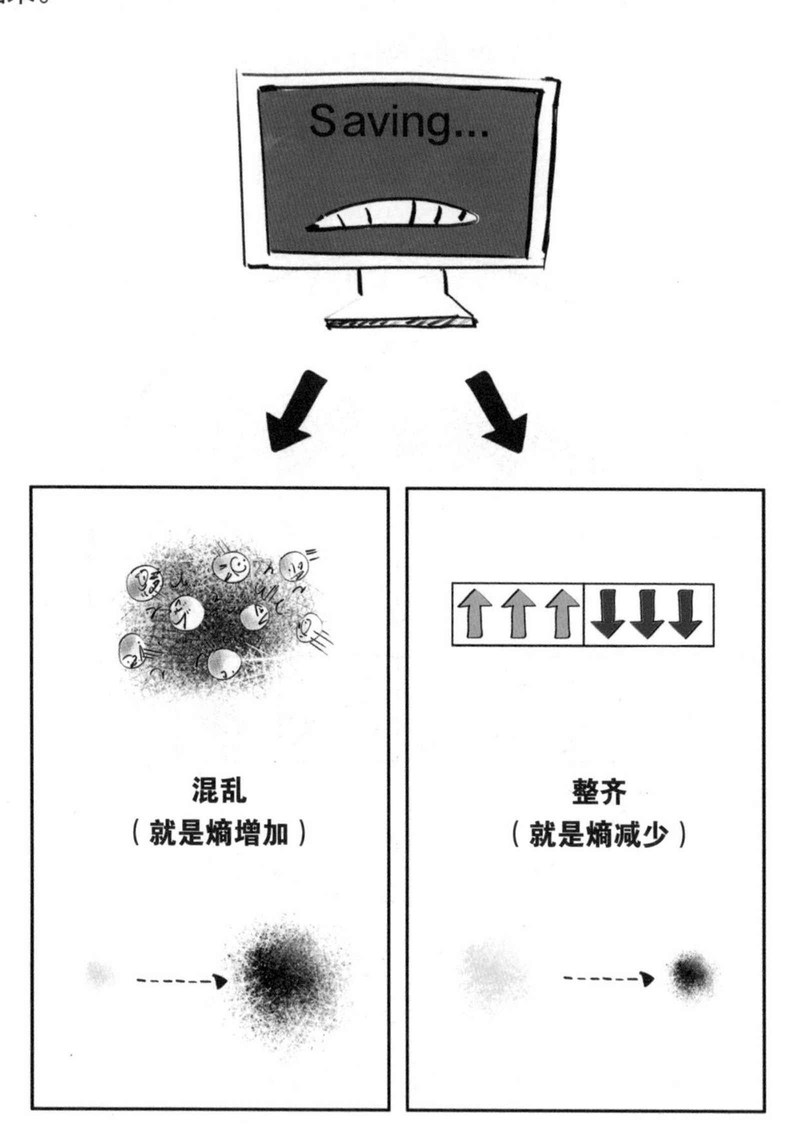

那么，哪一个数量更多呢？

严格的数学计算明确地指出：混乱多于整齐。

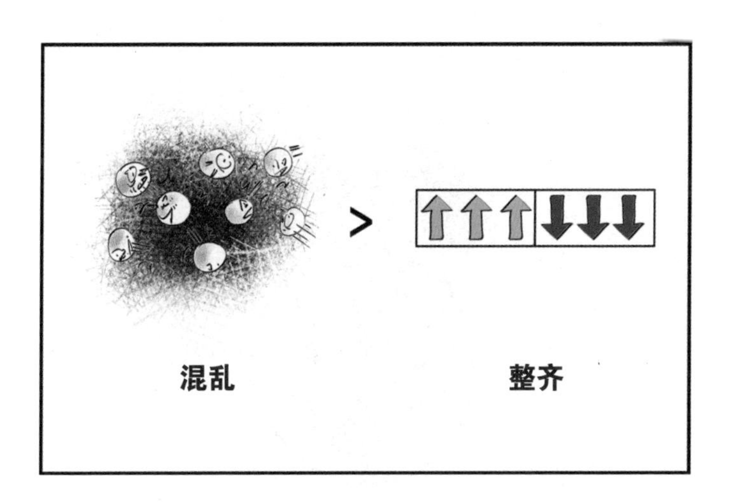

因此，由计算机记录可知，宇宙的总熵增加了。

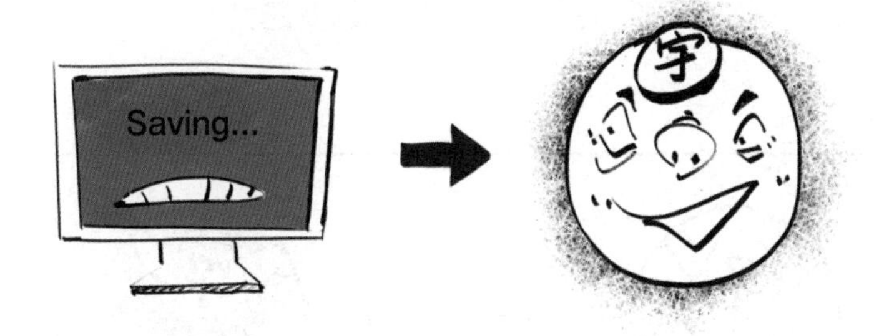

如果我们假设，人类大脑的工作原理跟计算机是一样的，那么，大脑“记录”这个动作，同样会造成宇宙总熵增加。

于是，我们记录的越多，制造的混乱就越多，宇宙总熵就越大。

所以，同学你看懂了吗？并不是宇宙太任性，非要沿着一个叫作从“过去”向“未来”的方向，让自己越变越乱；

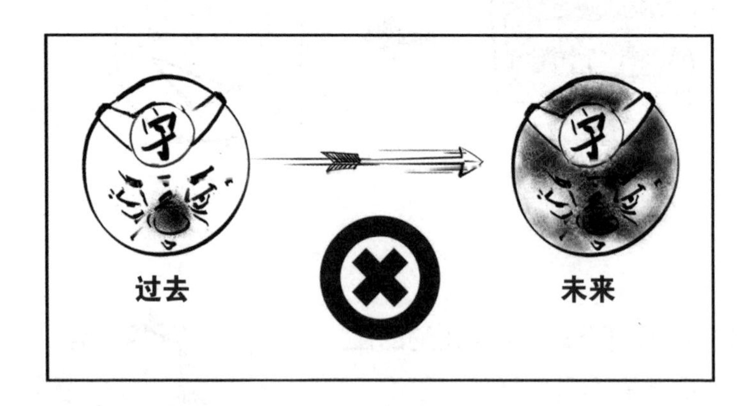

反而是因为记录本身就在制造混乱，所以人类只能在混乱增加的方向上去记录这个世界的变化。

（1）在这里记忆。

（2）记忆的过程造成熵增加。

（3）既然熵增加了，那么，被记住的那个“过去(1)”必然是熵值小的时刻。

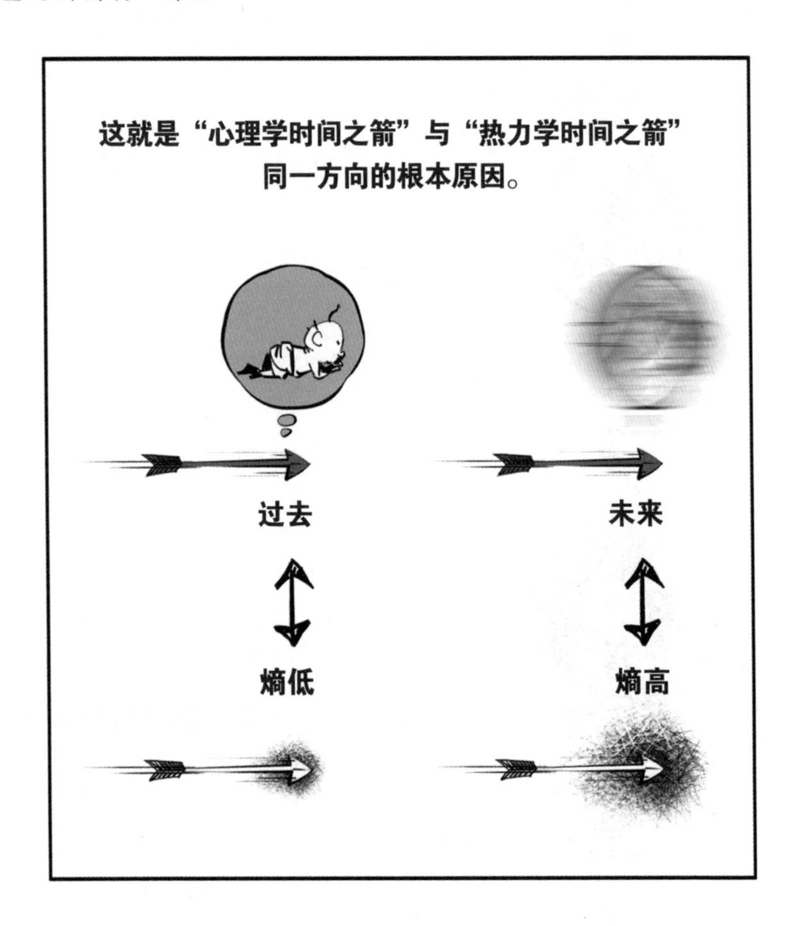
这就是“心理学时间之箭”与“热力学时间之箭”
同一方向的根本原因。
过去
未来
熵低
熵高

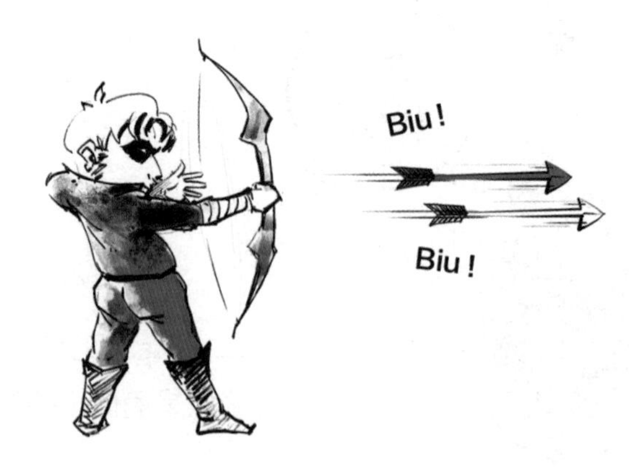
Biu!
Biu!

=第2节　我们活在宇宙里，凭什么？=

于是，我们感觉到，沿着热力学第二定律演化，时间从过去到未来，熵从低到高，宇宙从有序走向了混乱。

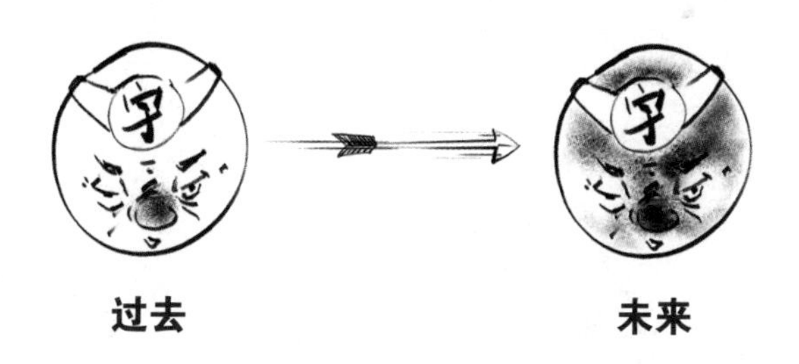

不过，有些聪明人会想到一个问题，如果按熵增加的套路倒着往回想，那最初的宇宙，肯定是熵低的，对吧？

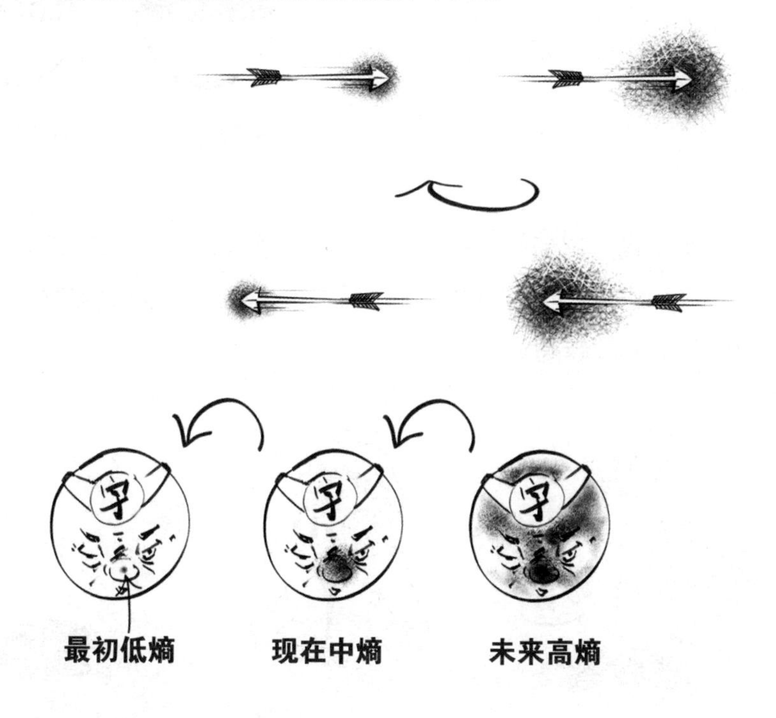

但这是为什么呢？为什么宇宙非要存在一个从低熵走向高熵的过程？宇宙在最开头的那会儿，凭啥就不能是“满熵”的呢？

打个比方来说，这儿有两碗豆：

一碗红豆， **一碗绿豆。**

如果我把它们倒在一块儿，然后使劲搅和，那么本来排列得整整齐齐的红豆和绿豆开始变得混乱了。我搅和得越卖力气，两碗豆就越乱，熵就越高。

不过，就这两碗豆子来说，熵值是有极限的，就是说当我搅和到一定程度以后，再搅和也就这样了，已经够乱了，没法更乱了。

因此它“满熵”了！

那么宇宙从一开始，凭啥不能是“满熵”的呢？

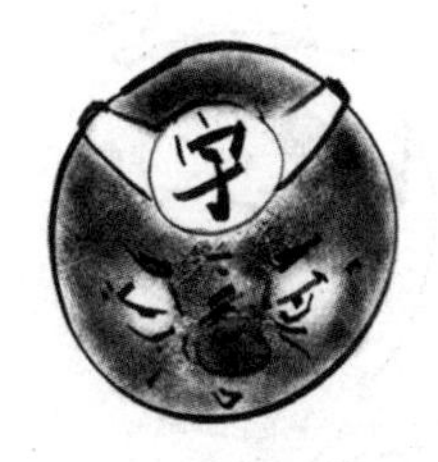

如果它是“满熵”的，那么宇宙的熵值就会从始至终保持不变。

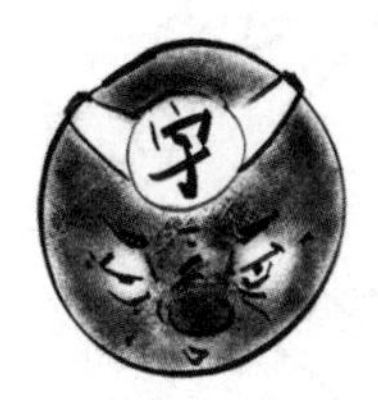

最初“满熵”

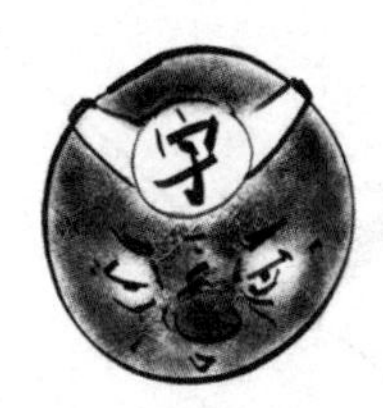

一直“满熵”

一直“满熵”

这就没给热力学第二定律留下熵增加的余地，自然也就不会有“热力学时间之箭”的存在。

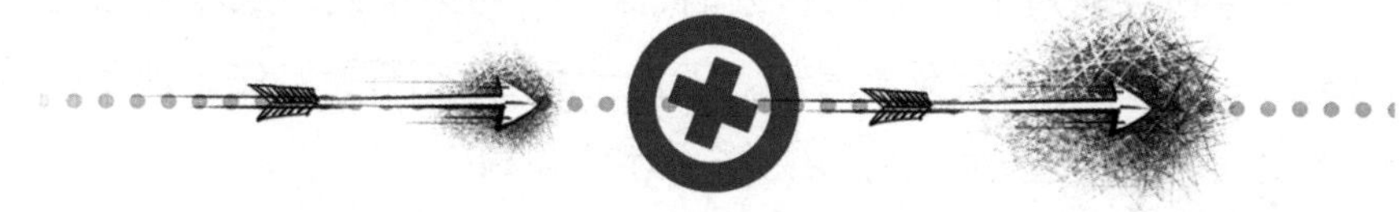

伤不起！

对于这个问题，即便是爱因斯坦也只能耸耸肩表示无能为力。

因为在宇宙初开的那一点上，广义相对论是不好使的。

广义相对论
$R_{\mu\nu}-\frac{1}{2}g_{\mu\nu}R=-\kappa T_{\mu\nu}$
计算不出结果

并且到目前为止，人类还没有找到一个可以描述大爆炸奇点处的理论，因此，我们就无法得知，在这一点上宇宙究竟发生了什么，也就没法说清在这一点上宇宙为啥不能“满熵”。

所以说，如果仅从逻辑上思考的话，宇宙的演化其实可以存在好几种可能：

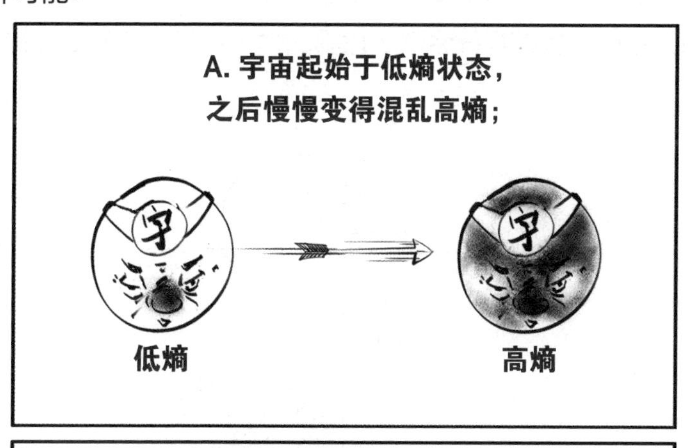

A. 宇宙起始于低熵状态，
之后慢慢变得混乱高熵；
宇
宇
低熵
高熵

B. 宇宙自创生开始就是混乱高熵状，
一直保持不变；

最初“满熵”　一直“满熵”　一直“满熵”

C. 宇宙始于高熵混乱，
而慢慢向低熵光滑发展。

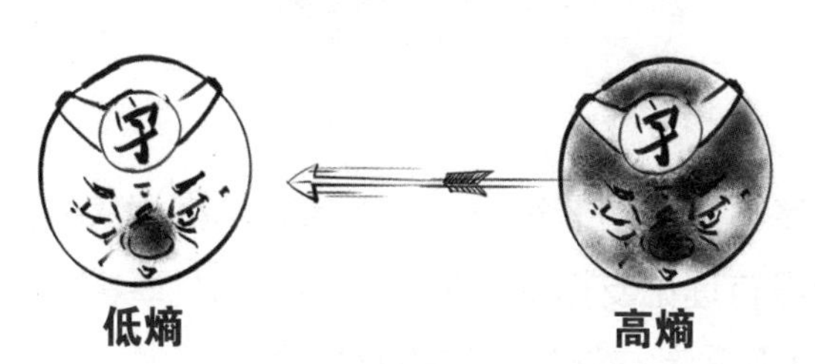

不难想象，大多数人都倾向于 A 的说法。人们之所以不相信 B 和 C，是因为它们跟我们的观测结果不符。谁都知道，生活中，鸡蛋掉地上会碎，香槟打开会喷，世界的确是从有序走向混乱的。

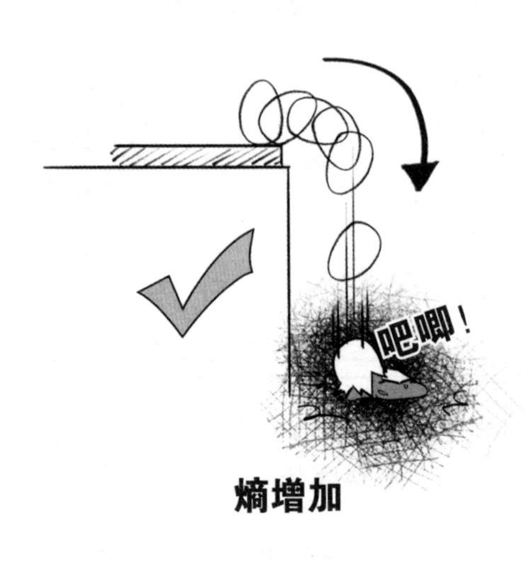

事实固然雷打不动，然而，对于喜欢刨根问底的人来说，光有观测结果却没有理论支撑是不够的，要知道凡事都问“为什么”是每一位科学工作者都应该具备的职业精神。

时间！你往哪里跑

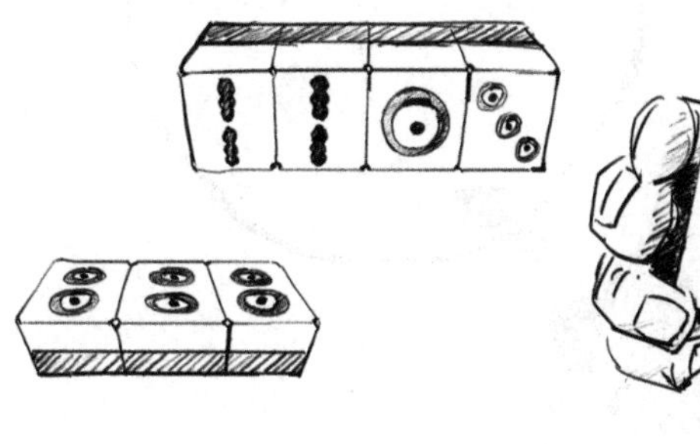

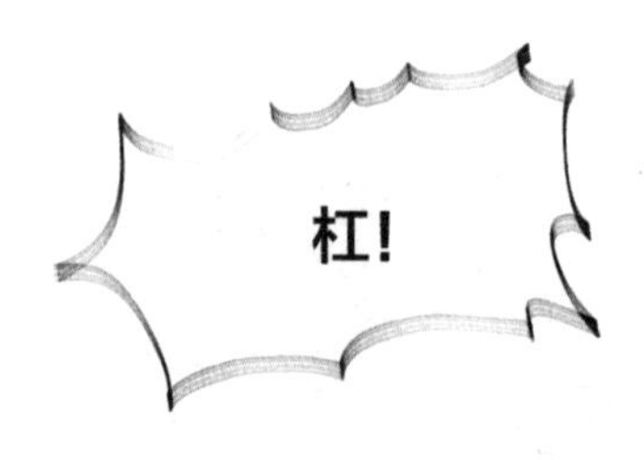

宇宙凭啥就非得起始于低熵呢?

既然广义相对论回答不了，我们只有寄希望于将来某一天，出现量子引力理论来解答了。

然而，即便找到了这样一个理论，我们还要面临上一章提到过的边界条件的选择问题。

而要想解决这个麻烦事，依然需要用到霍金提出的无边界宇宙模型，用来绕开边界条件选择，因为在这个模型里，宇宙是没有边界的。

前面解释了为啥“热力学时间之箭”和“心理学时间之箭”同向的问题，现在来看“热力学时间之箭”与“宇宙学时间之箭”为啥同向。

为什么我们会看到，宇宙在走向混乱的过程中，

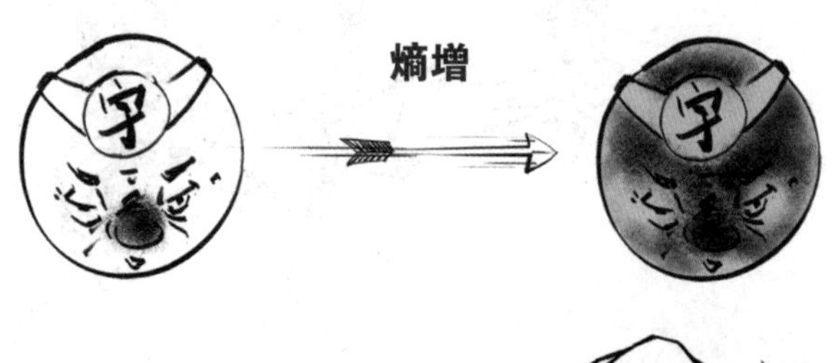

它恰好处在膨胀中呢?

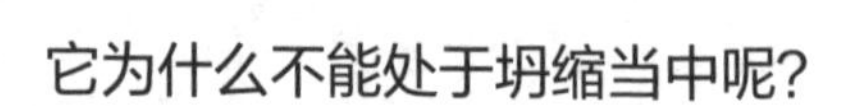
它为什么不能处于坍缩当中呢?

假如有一天，宇宙停止了膨胀，进入坍缩阶段，将会发生什么呢？

早在相关科学研究出现之前，科幻小说家就已经脑洞大开，想出了无数种可能，据我所知，刘慈欣有一篇小说叫作《坍缩》，小说的最后他描写道，当宇宙大坍缩来临的时刻，所有的一切都发生了反演，包括人们发出的声音。让人拍案叫绝的是，至此之后的描写，大刘所有的文字居然都倒过来写了……

为他的脑洞点赞！

对于宇宙坍缩的思考，霍金一开始以为，当坍缩发生时，宇宙总熵开始减少，它将从混乱走向有序。

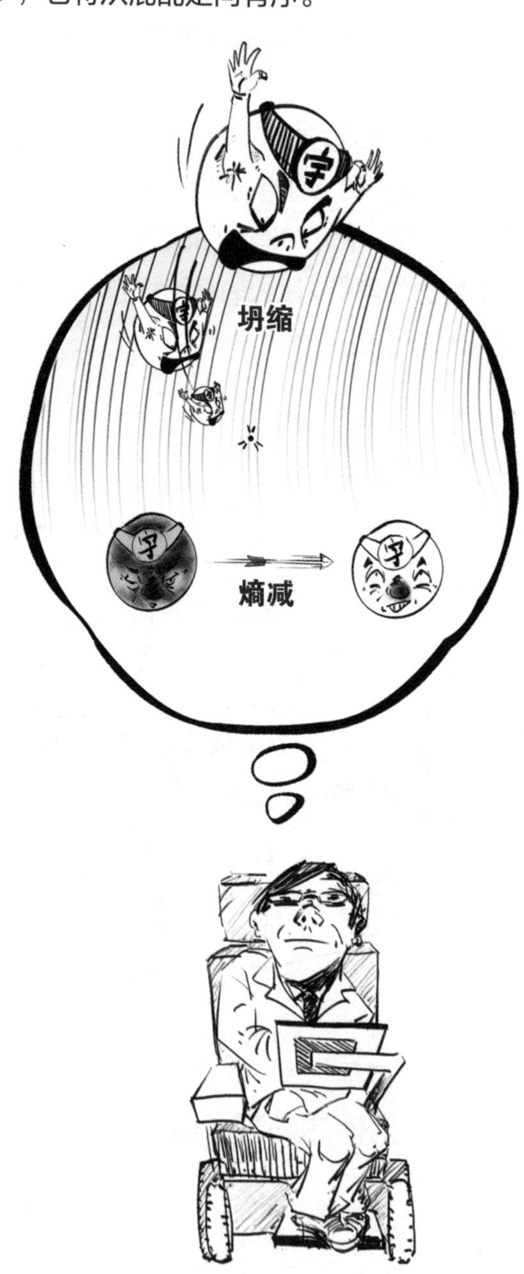

这意味着，人们在出生之前就已经死了，并会随着时间的流逝，起死回生，然后变得越来越年轻。

然而，之后霍金意识到他的这种理解是错误的，宇宙坍缩并不是膨胀的反演。

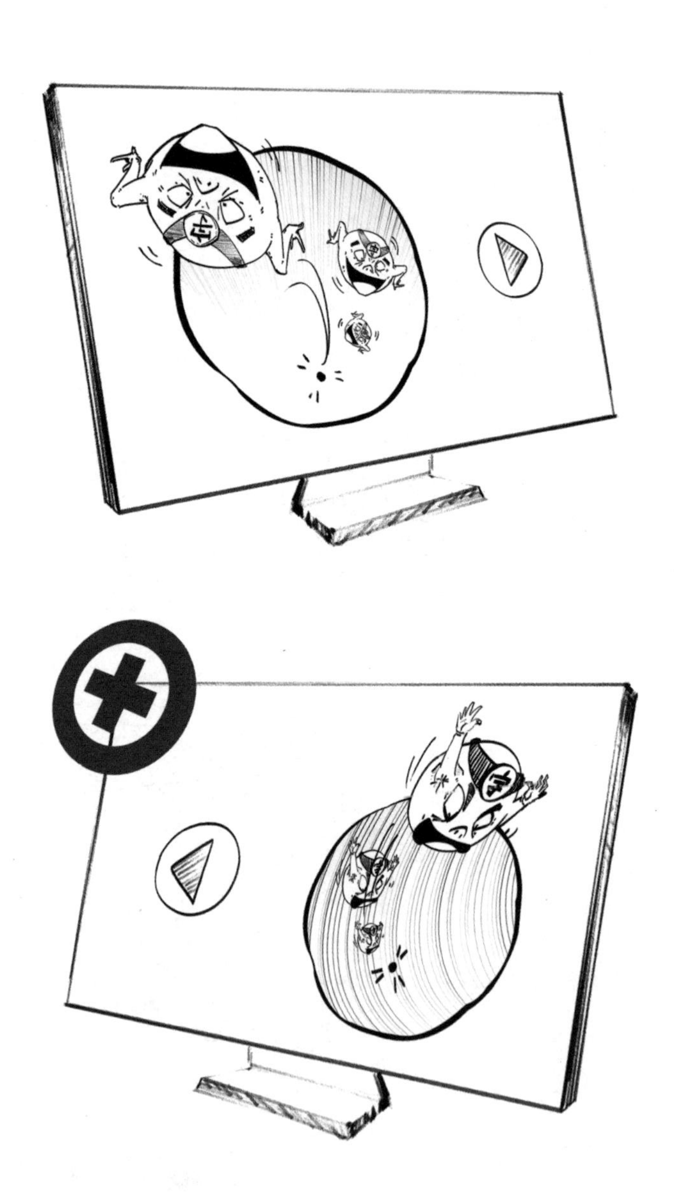

因此，即便坍缩有一天真的发生了，宇宙的总熵依然会继续增加。

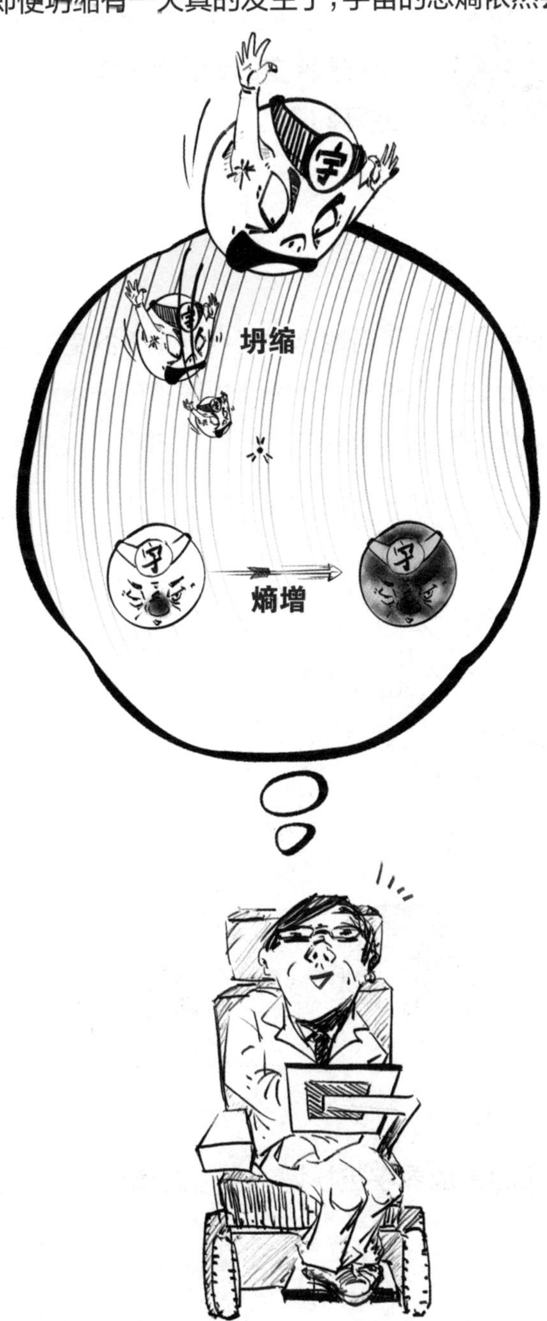

不过很遗憾，霍金并没有解释过他思想转变的理由和细节，武子当然也解释不了。

不过，他倒是直截了当地承认了自己犯下的错误，并表示认错在科学上不是什么丢人的事，爱因斯坦就曾公开承认，为了建立静态宇宙模型，引入宇宙常数到广义相对论方程的做法，是他一生中最傻的操作。

别东拉西扯的，
为啥熵增加时，宇宙在膨胀，
而没在坍缩？
看给你急的……

按照霍金的无边界宇宙模型，宇宙的演化的确是先膨胀后坍缩的。

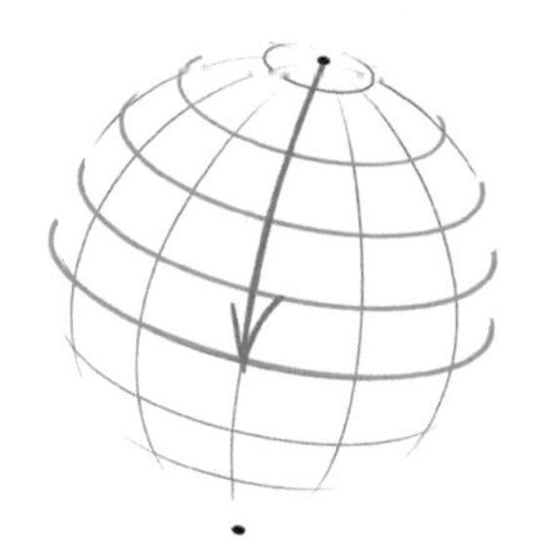

膨胀阶段

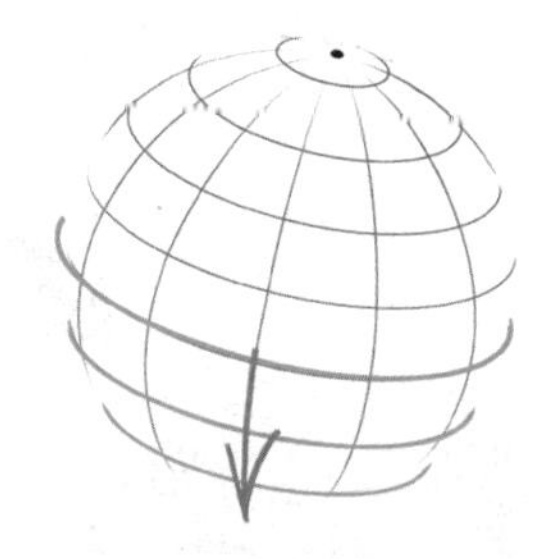

坍缩阶段

在这个模型中，蓝色的经线代表虚时间的发展方向，绿色的纬线代表宇宙的尺寸。

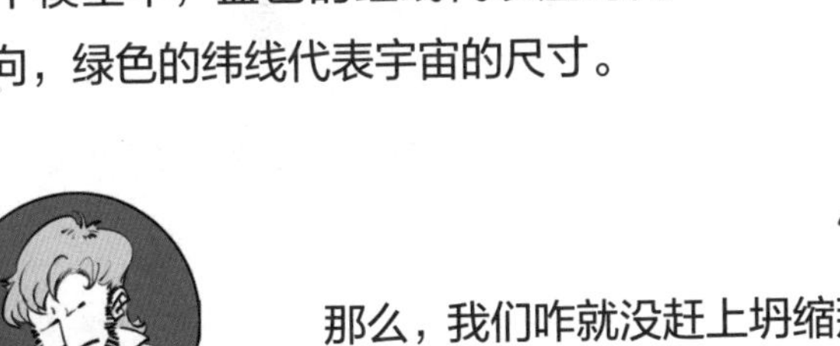

那么，我们咋就没赶上坍缩那个阶段呢？

强大的人择原理又来了，因为在一个坍缩的宇宙当中，人类无法生存。

简单来说，宇宙沿着虚时间演化，来到赤道这里的时候，它就是“满熵”的了。

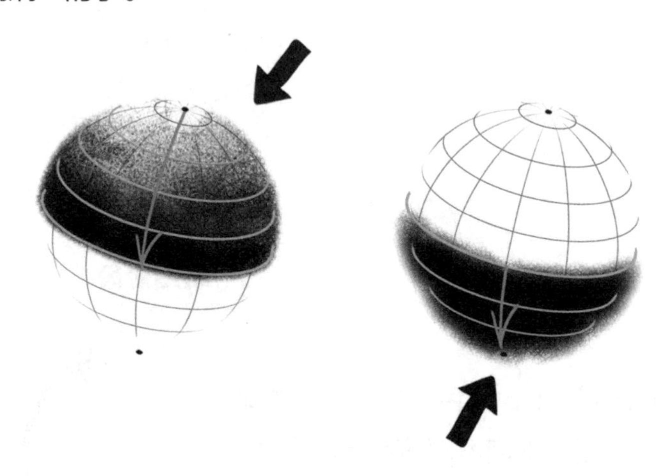

继续往下搞，也就这么地了，熵值不会再发生变化。这对人类来说不太友好，其实是灾难性的。

谁都知道人活着都得吃饭，

吃完饭还得蹲“大号”，对吧？

食物是一种有序能量。

相对来说，“粑粑”是无序能量。

我们每天吃掉“有序”，排出“混乱”，从而得以生存。这事本质上是个什么套路呢？

薛定谔曾在他那本名扬四海的跨专业作品《生命是什么》中提出：

维持生命的不是能量，哥们儿活着靠的是负熵！

换句话说，就是我们需要不断吃掉低熵的有序能量，抵消自身产生的高熵混乱，用来维持住平衡，这样才能行走江湖。

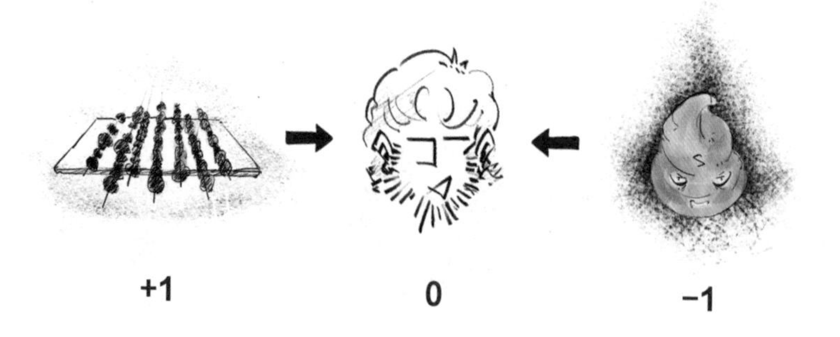

所以光吸收能量没有用，负熵才是活下去的关键！

如果不信你可以试试，太阳能是能量吧？不吃饭，天天晒太阳，看看自己会不会死。

所以说，人类只要活着，每天都会制造熵增。

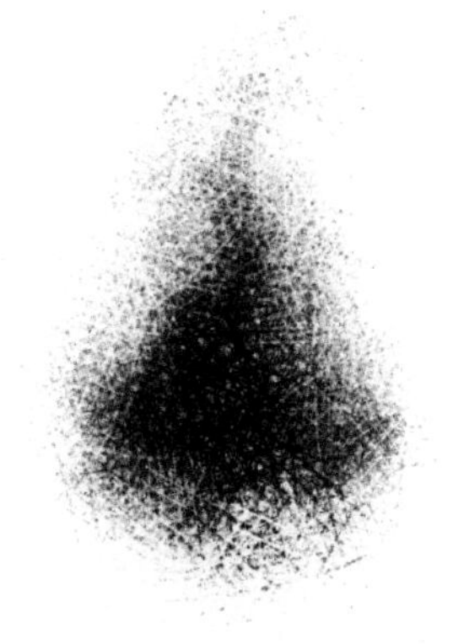

因此人类存活的阶段必然是宇宙允许熵增的阶段，在无边界宇宙模型中，就对应着宇宙膨胀这段时期。

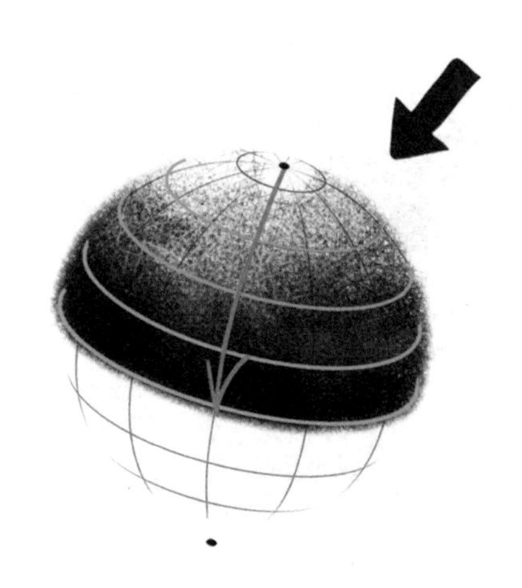

等到了坍缩那段时期，宇宙已然“满熵”，无法继续熵增时，人类也就混到头了。

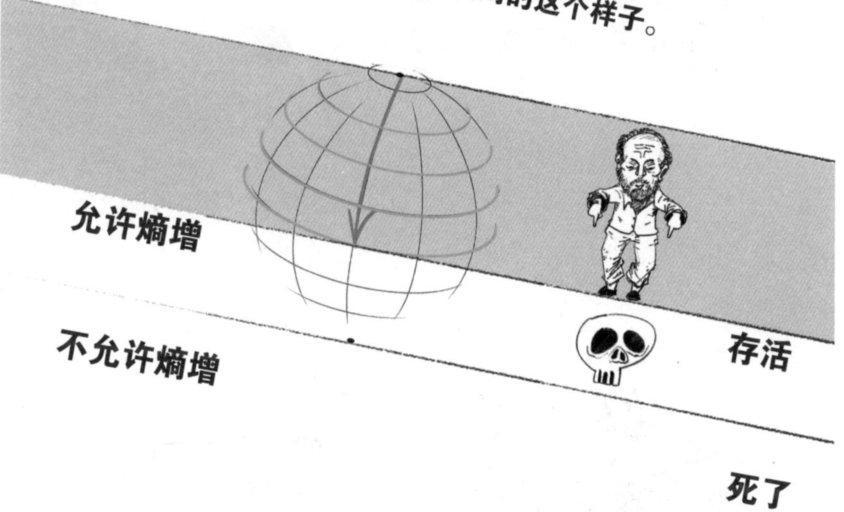

还是那句话，人择原理说，
因为你活着这个事实，
所以宇宙只能是你看到的这个样子。
允许熵增
不允许熵增
存活
死了

这就是“宇宙学时间之箭”与“热力学时间之箭”方向相同的原因。

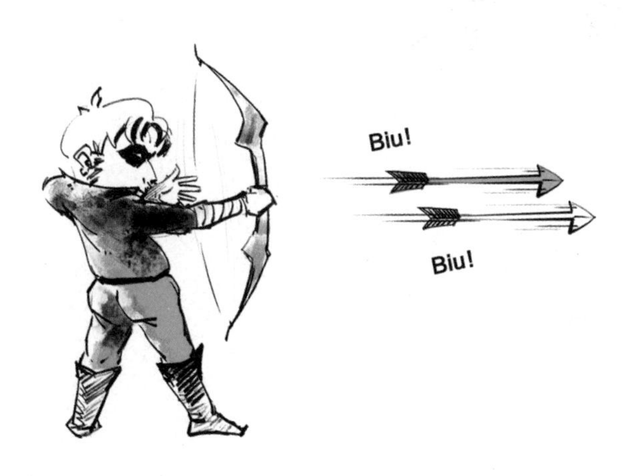

到这儿，三箭同向的问题总算是捯饬清楚了吧？趁着宇宙还在膨胀，少年，抓紧享受生活吧！

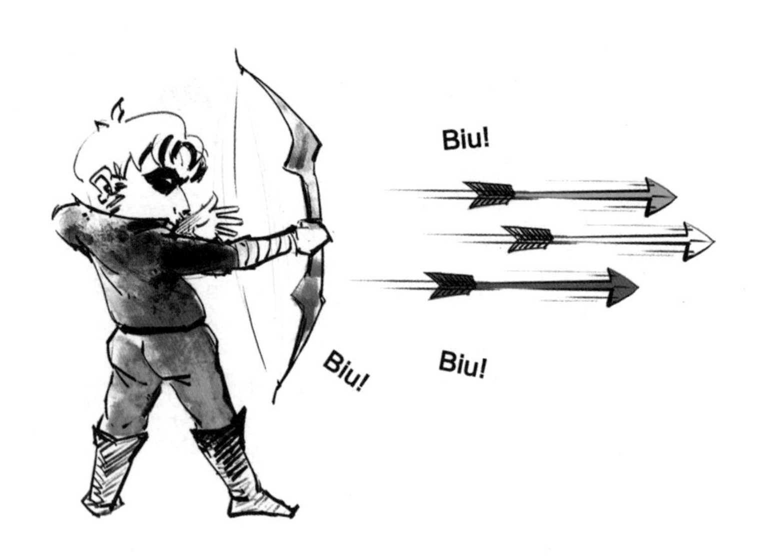

第3节　假如回到过去，一板砖干掉你爷爷，你会消失吗？

“穿越”是一个被小说、电影玩坏了的概念。回忆多年前的那部《大话西游》电影，影片里，至尊宝穿梭时空，往前500年，往后500年，想去哪里去哪里，只要打开盒子，口念5个字就够了。

电影看个乐呵，谁都不会当真，可穿越是否纯属小说家的想象呢？现实中，时间旅行究竟靠不靠谱？

自相对论问世以来，这个问题渐渐出现了相对清晰的答案：影视作品想象与否咱不管，在物理学里，时间旅行可以实现！

只不过，现实世界里穿越并不像电影中那么随意，总的来说，往前容易，往回难！咱们挨个说一说！

这个绝对靠谱，实现起来有两种方法。

1. 接近光速移动

比如开个宇宙飞船上天，只要速度足够快，太空里兜一圈，然后回来，你就来到了地球的未来。

2. 接近大引力物体

找个黑洞，围着转圈圈，完事回地球看看，物是人非，啥你都不认识了。

限于篇幅，这两部分就不展开讲了，有兴趣的同学可以在武子另一本书《1小时看懂相对论（漫画版）》中找到答案。

这个说来话长，不啰嗦，开始吧！故事要从一个男人讲起……

哥德尔

他是爱因斯坦晚年时期的好朋友，忘年交，世界著名数学家，因发现了不完全性定理而闻名于世。

在普林斯顿高等研究院，哥德尔修习了广义相对论，并利用数学知识发现了一种可以允许“回到过去”的宇宙模型——哥德尔宇宙。

简单来说呢，要想实现往回穿越，宇宙里就得生成一种叫作“闭合类时线”的东西，形象一点的说法就是，物体在时空中的运动轨迹，必须是个圈。

注意，这里说的不是“空间”，空间里画圈谁都会，说的是“时空”，不严谨地解释一下就是，一个物体在时空中画了一圈以后，它不仅在空间上回到了出发点，在时间上也回到了出发点。

一般来说，闭合类时线不太容易出现在宇宙里，但这并非不可能。

打个比方，武子家里养了只喵星人叫黑背，幼猫，啥都好奇，总想摸自己的尾巴。

养猫的同学都见过这场面吧，够得着吗？没戏吧？

尝试几次不成功，它急眼了，开始疯狂转圈，这一转圈不要紧，还真让它摸着了！

哥德尔的宇宙就是类似这样一种存在，一个旋转的宇宙。

在哥德尔的宇宙里，闭合类时线在旋转中可以形成，因此回到过去是可能的。在这里，宇宙自创生就自带“时间闭合”的属性，因此即便我们什么都不做，如果活得足够久，也是可以实现被动穿越的。

然而人类对于宇宙的观测表明，当下，我们所处的宇宙并没有像哥德尔描述的那样，自己打转转。

因此被动穿越回到过去这事，就别惦记了。

那么，我们能不能主动做点什么，实现“穿越回过去”呢？

下面介绍两种逻辑上说得通的办法。

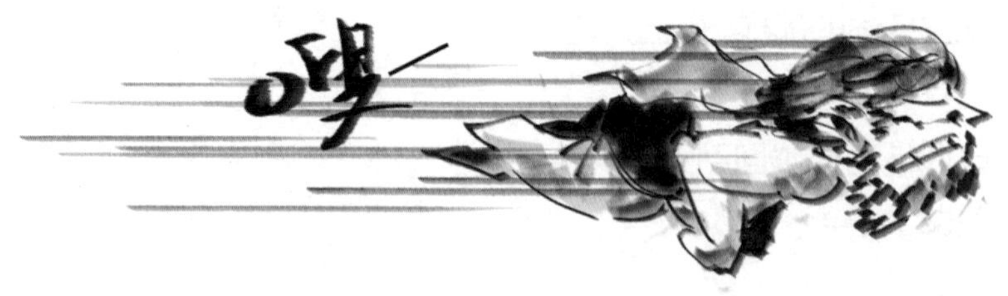

这是现在的瞬间，

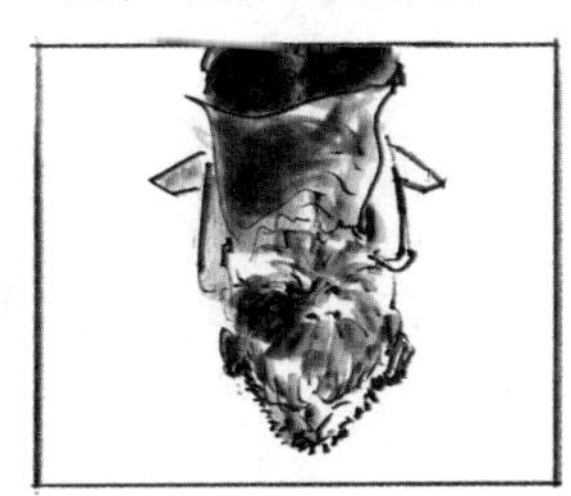

这是过去发生的瞬间，

它们发出的光子
以光速流逝着……

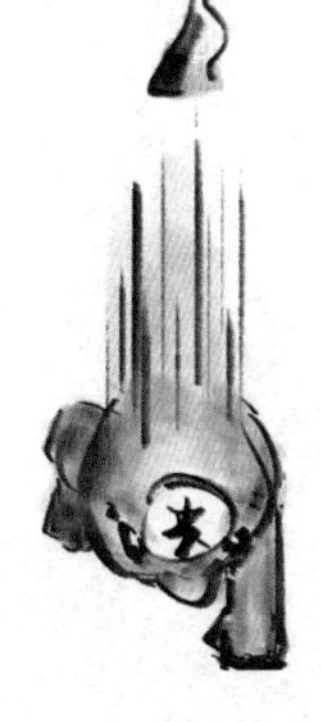

如果有一个人，
移动速度比光还快，

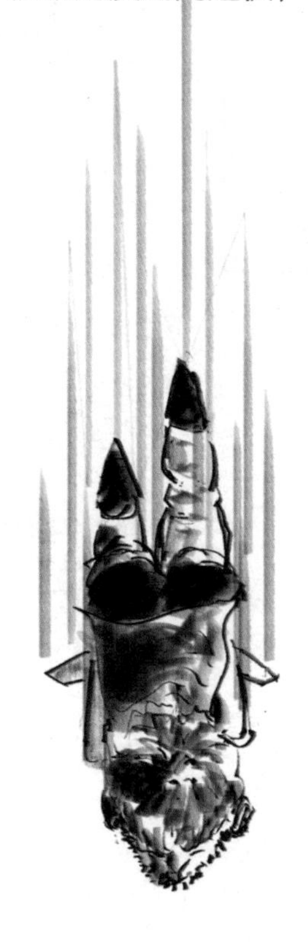

那么理论上，
他就有可能追上，
过去瞬间发出的光子。

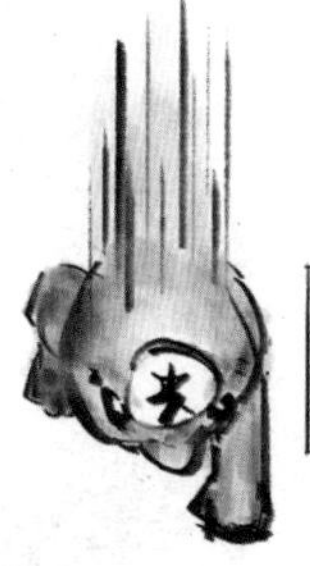

追上了，
就看到了过去的景象，
这不就是回到过去了吗？

然而，爱因斯坦说了，光速是宇宙中物质和信息传递的速度上限，任何物体的移动速度都不可能超过光速，所以超光速这事一听就不靠谱，对吧？

不过，科学家大都认可这样一种观点，世界上任何一个物理理论都是临时的，不存在永远正确的理论，只存在至今还没出错的理论。无论理论有多大牌都是如此，相对论也不例外。物理学以实验结果为依据，今天没发现超光速，不代表未来超不了；保不齐哪天，地球上冒出个谁家小谁，上演一出瞬间移动的旷世操作呢？

如果真有那一天，相对论就不攻自破了。

可也正是由于这样的观点，我们才觉得超光速不靠谱，谁让相对论自发表至今，愣是一次都没错过呢……

在这件事上，我们可以打个比方：

传送带的移动代表时间流逝，想要超光速，就得倒着跑，跑步的速度高于传送带的速度，这样我们才能穿越回过去。就目前看，人类所有的实验结果当中，还没有任何一个成功逆行的案例。

2. 虫洞

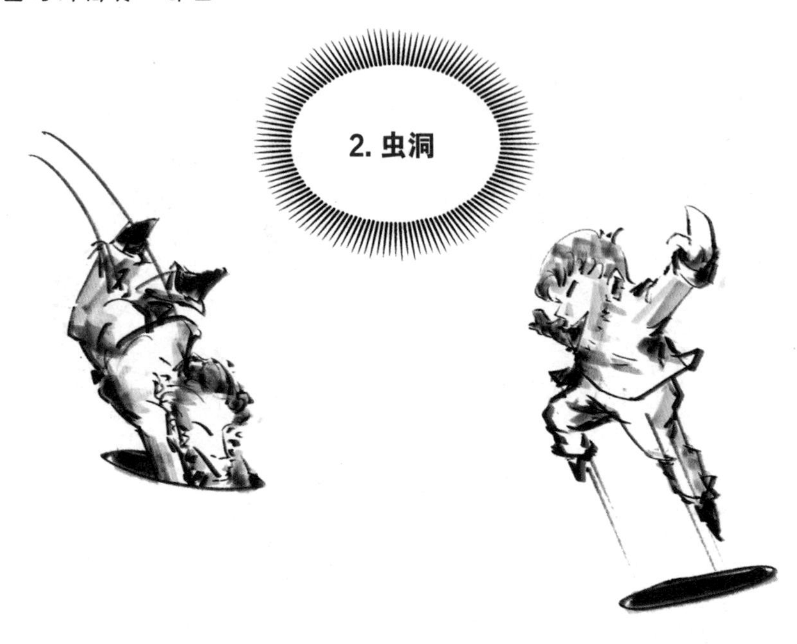

跑不过传送带怎么办？再也回不去了吗？哎，也不一定，因为还有一种办法叫抄近道。对，其实就是挖一条时空隧道出来。咱不是跑得不够快吗？但可以缩短路程，硬来不行，那就智取呗！

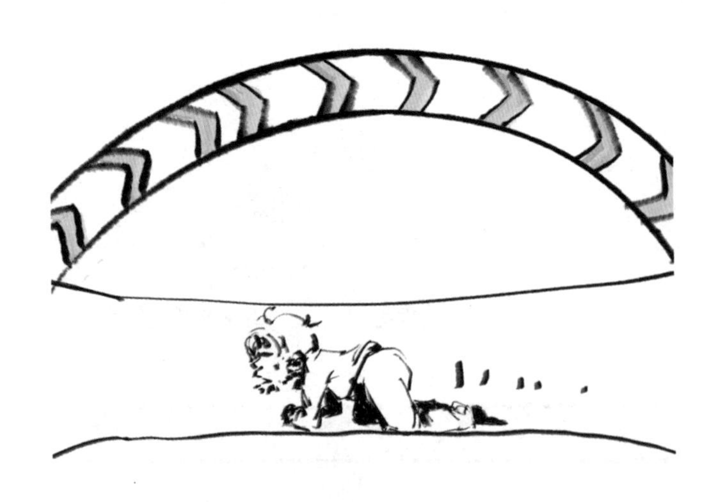

这不是科幻哈，它是广义相对论数学计算的结果，爱因斯坦亲自操刀搞的研究，一开始叫“爱因斯坦－罗森桥”，“虫洞”是后来给改的名。

因为这么叫可以让人秒懂！

只不过抄近道的难度在于，这条近道不好挖，需要弯曲时空，还得弯成负曲率，并由负能量支撑。

不高兴
别理我
累成狗
不想起
满满的负能量！

你这叫颓废！
画错了！

啥是负能量呢？我们举个例子。

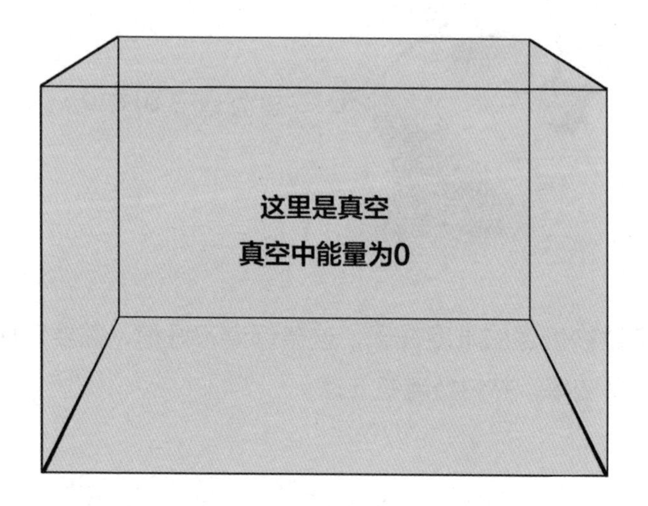
这里是真空
真空中能量为0

不过能量为 0 并不代表啥也没有，不确定性原理说了，真空其实是充满微观粒子的海洋。

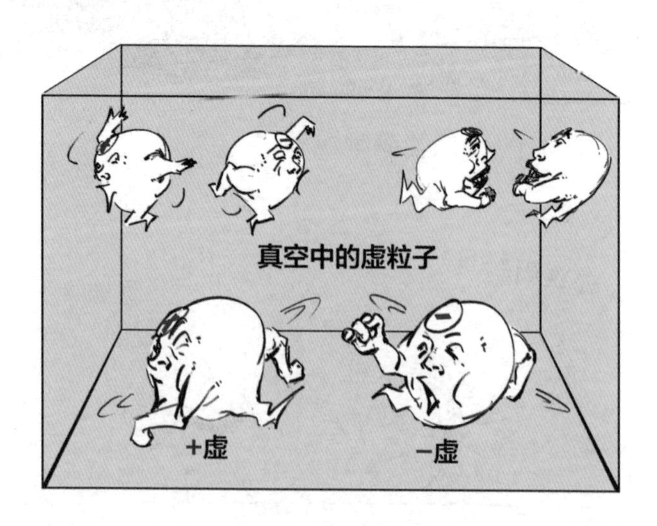
真空中的虚粒子
+虚
-虚

那好，现在我们找两块板往里一放，让两板离得要多近有多近，那些被夹在当间儿的粒子，有些啥事没有，有些受不了“夹板气”就给气死了。

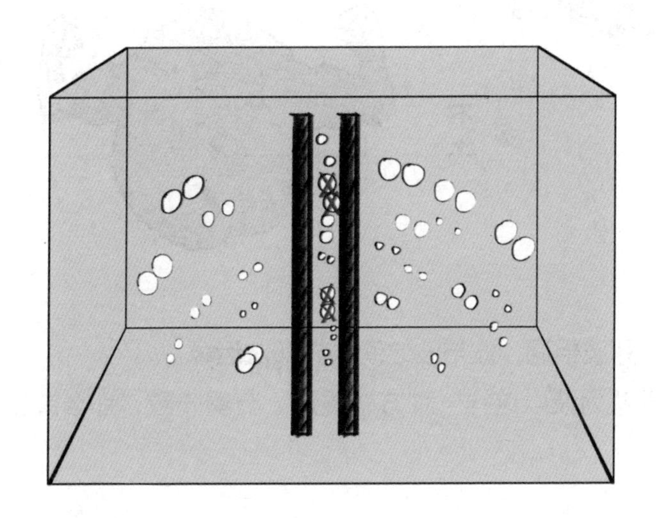

咋死的呢？我们从理论上分析一下。波粒二象性大伙还记得吧？量子力学说了，一个微观粒子，它既是粒子又是波。

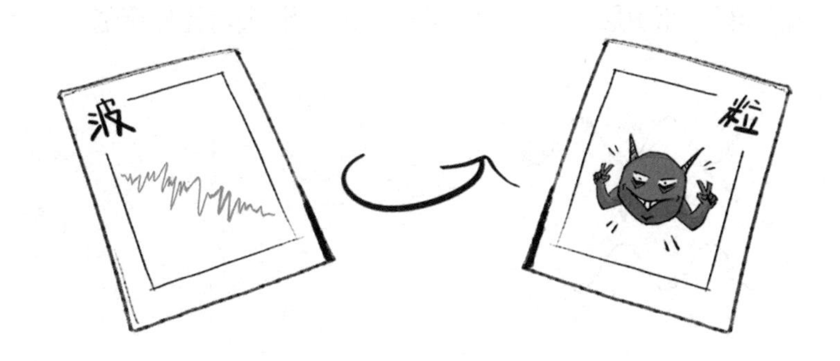

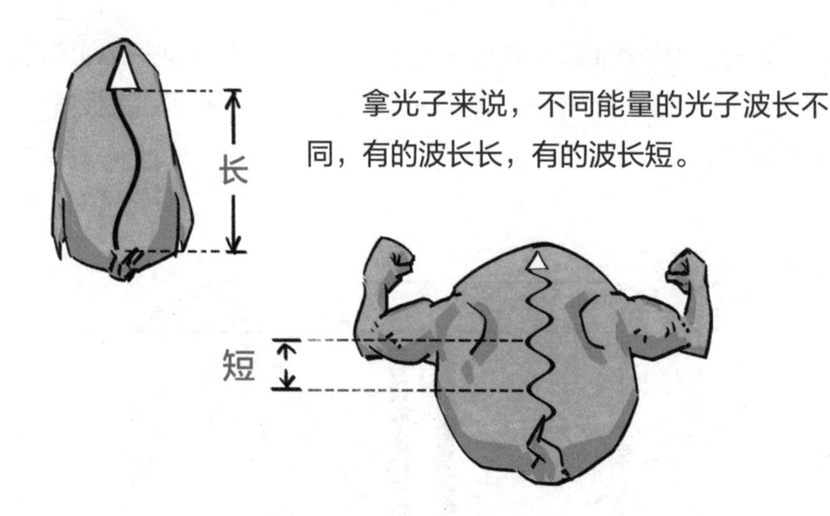

拿光子来说，不同能量的光子波长不同，有的波长长，有的波长短。

当两列波相遇，波与波之间要做加法运算。

如果两列波以这样一种方式邂逅，节奏一致，那么波波相加就会增强。

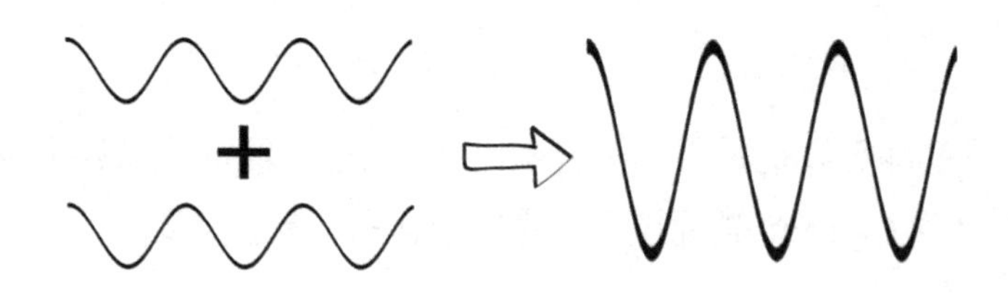

如果这样相遇呢，它们就会相互抵消，消失得无影无踪。

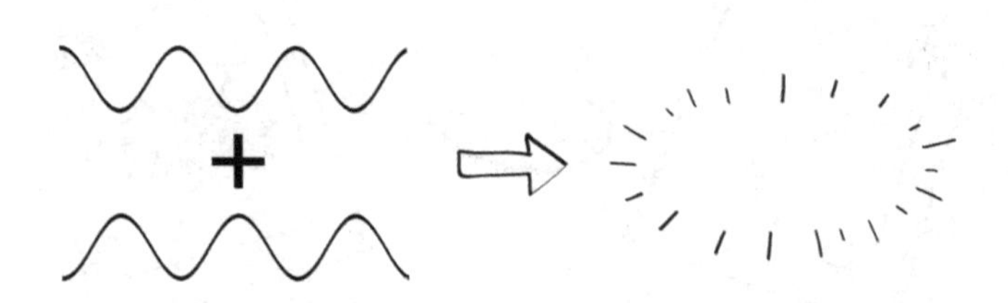

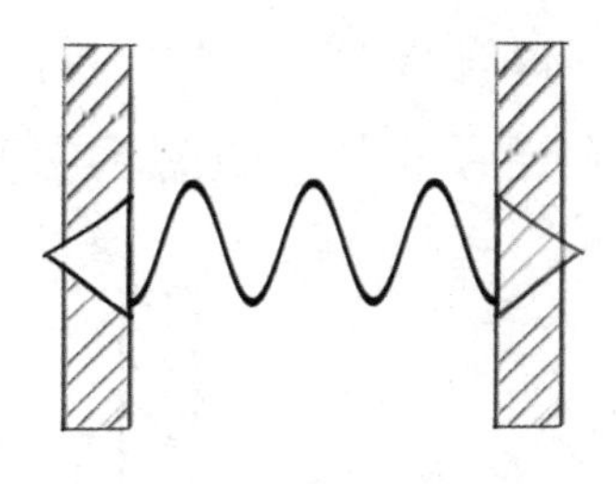

所以你看哈，在两块板之间，一旦光子撞上板子被反弹，这个时候，如果板间的距离恰好是光子波长的整数倍，光子就波波增强活了下来。

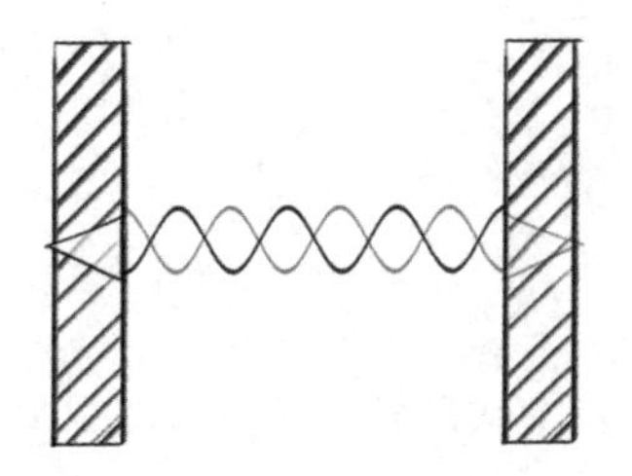

如果不是整数倍就惨了，反弹多次就会相互抵消被带走。

也就是说，在这个夹缝里，只有一部分波长的光子可以存活下来。

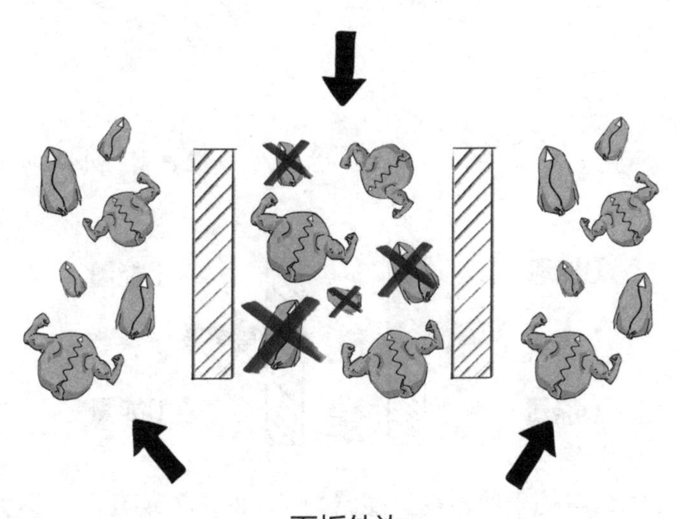

而板外边，
所有光子活蹦乱跳的！

这就造成了：外边的能量密度大于俩板之间的能量密度。如果现实当真如此，俩板就会由于内外能量差而被挤压得向中间靠拢。

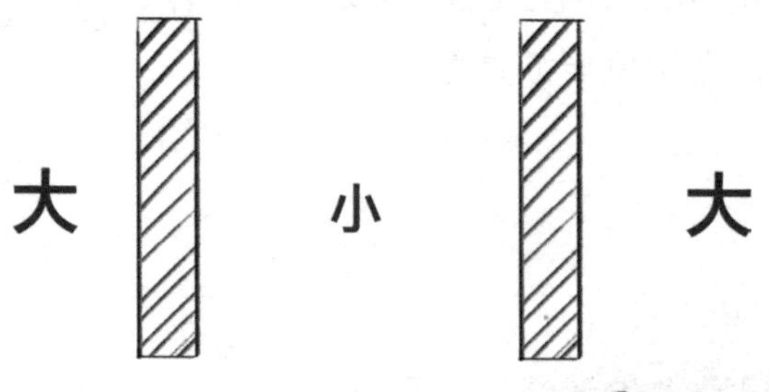

1948 年，荷兰物理学家亨德里克・卡西米尔就这么干了。

然后他看到两个板子真的在相互接近，这就是著名的卡西米尔效应。

亨德里克・卡西米尔

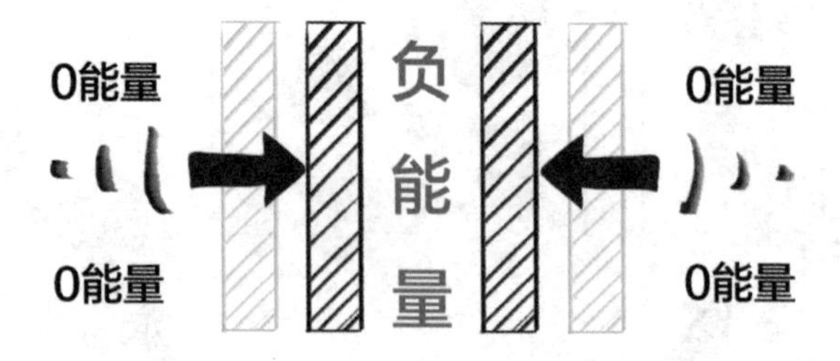

刚才怎么说的来着，真空能量为 0，对吧？现在 0 能量大于两板之间的能量，那当间儿是不是就是负能量啦！

好，到这儿咱们捋一下。

广义相对论说了，时空可以被弯曲；

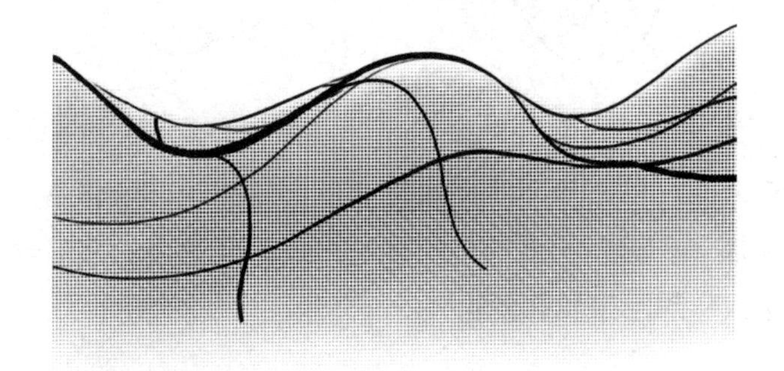

而卡西米尔效应证明，负能量的确存在。

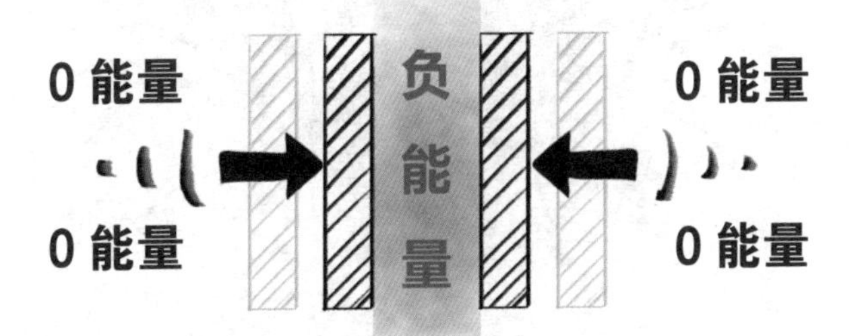

有了这两点，在逻辑上，虫洞是可以被制造出来的，回到过去并不是童话。

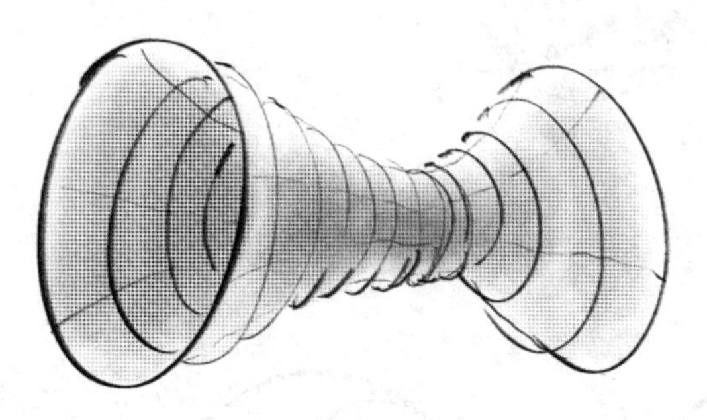

尽管人类目前的技术水平离挖通虫洞还相距非常非常远，但今后技术发展了，总有一天可能实现吧！那为什么我们从没看到，有哪个未来人穿越回来买彩票呢？

合理的解释是，至今为止，宇宙时空还没有发生过哪怕一次严重的弯曲，因为只有当时空严重弯曲出现，虫洞才有可能被打开。

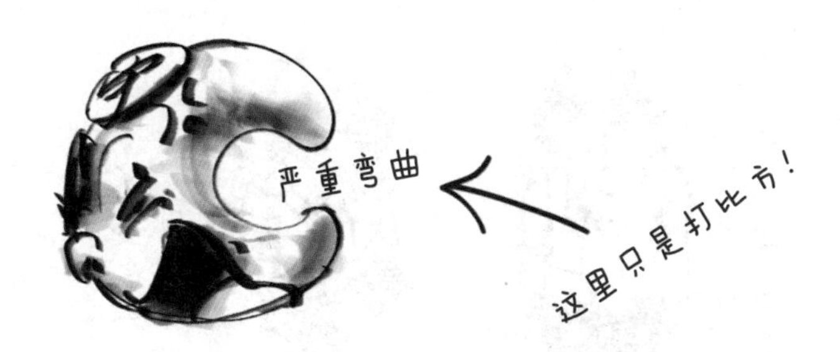

也就是说，未来人要想往回穿越，并不是想回哪儿就回哪儿的；穿越的目标和时间点，必须得具备打开虫洞的条件才行。

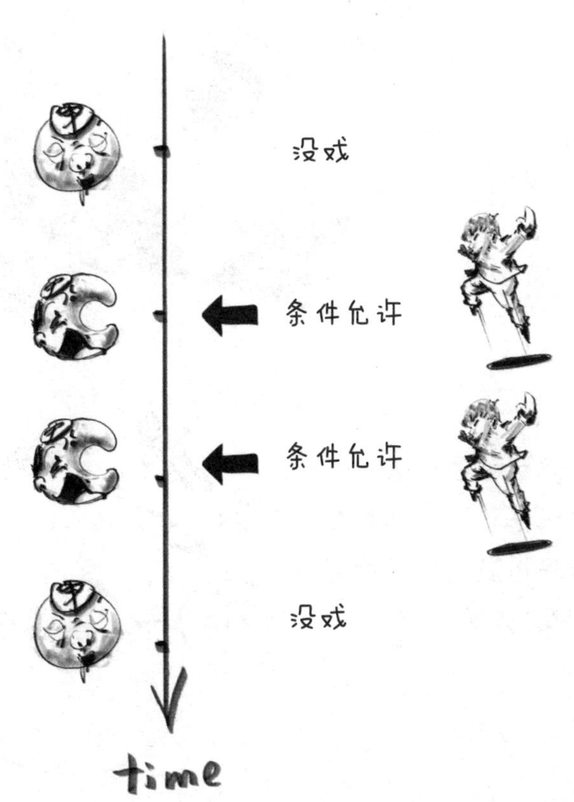

然而“回到过去”的麻烦并不止这一件事，更要命的问题是众所周知的“祖父悖论”。

没错，你穿越回过去，一板砖干掉你爷爷，那时你爷爷还年轻，没来得及生你爸就死了，那你打哪儿来呢？

就这个问题，科学界有两种主流的解释。

1. 协调历史观

大概的意思是说，如果你想杀回去，那你实现穿越的前提条件是，历史上明确记载着，你爷爷曾经被人用板砖偷袭过后脑勺，但因为身怀密不外传的铁头功绝技，侥幸没死。

在这种情况下，你是可以回去的，但你回去也达不成目的，你爷爷脑袋就是硬，拍不死，你不服不行。

还记得诺兰的电影《信条》吗？怎么说的来着？

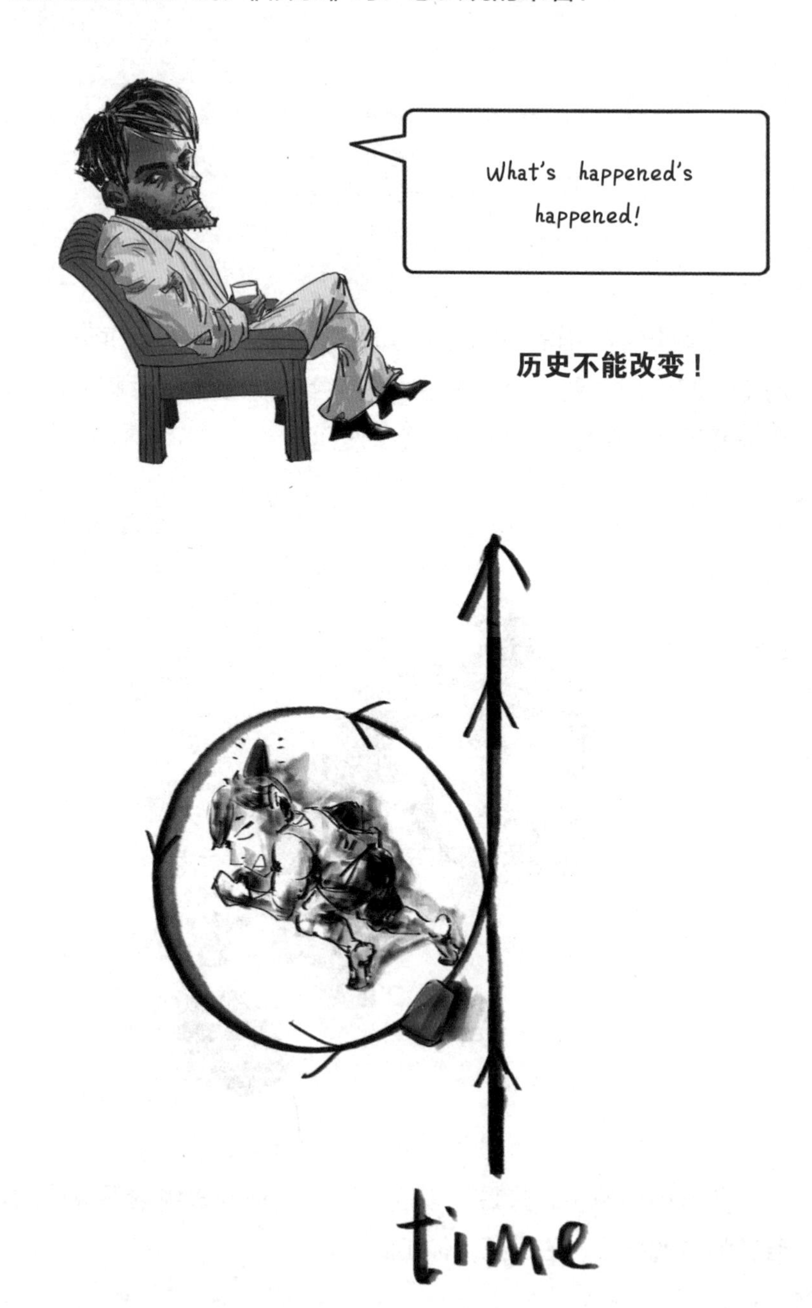

What's happened's happened!
历史不能改变！
time

2. 平行宇宙观

这里的意思是，穿越可以发生，不需要前提条件，你穿越回去以后，潜行到你爷爷背后放一招背刺，手里拎的不是板砖，改成抡铁锹。

结果当然是秒杀，于是历史被改写，从那一刻开始，宇宙产生了新的时间线，历史沿着新的时间线发展。

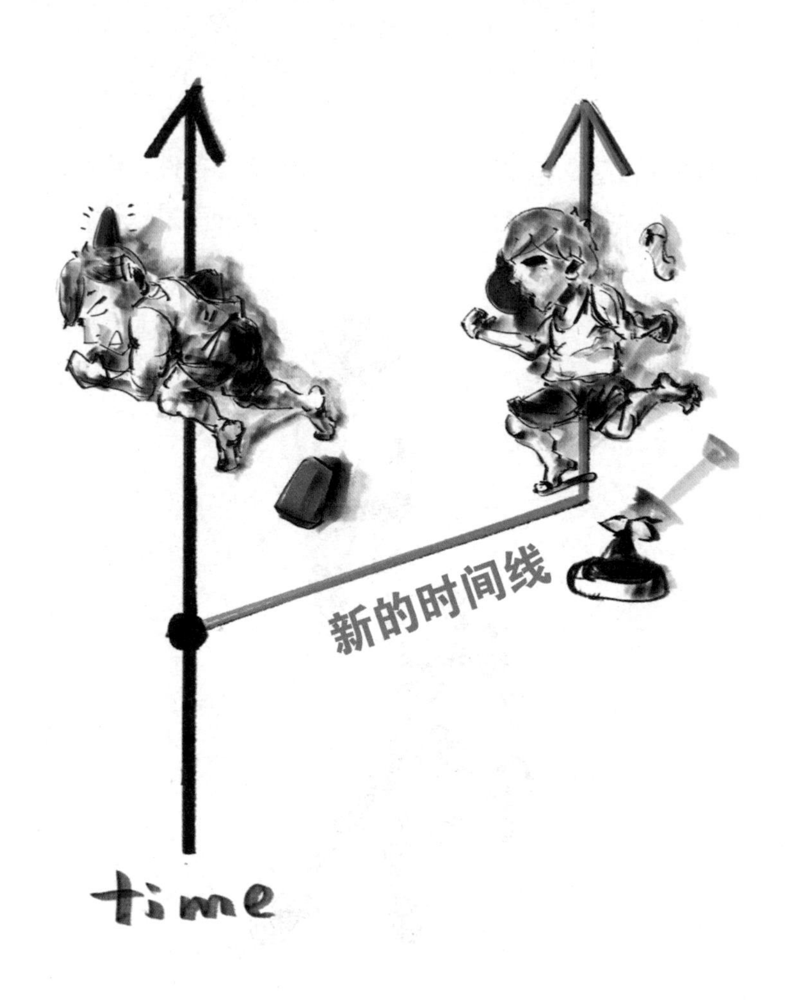

在新的时间线里，你爸没有出生，当然也没有后来的你。之后两条线同时存在，只是原来那条时间线并不受影响，原来的时间里，你爸还是你爸。

上面两种观点无论哪一种，都能绕开“祖父悖论”的纠缠，让“回到过去”实现逻辑自洽。

费曼有一个关于量子力学的理论——

大概的意思是说，某一个事件，从 A 发展到 B，如果把所有的可能性列出来，中间的路径有 N 多种，每种可能发生的概率不同；而我们看到的历史，其实是这 N 多种所有可能叠加后的结果。

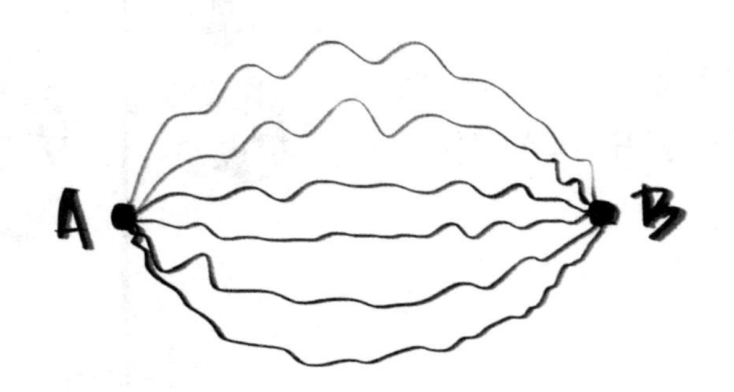

霍金认为这个理论支持了协调历史的观点。在这个理论中，既然允许出现 N 多种可能的历史，那么，总会出现一种历史，在那里，宇宙时空弯曲得足够厉害。

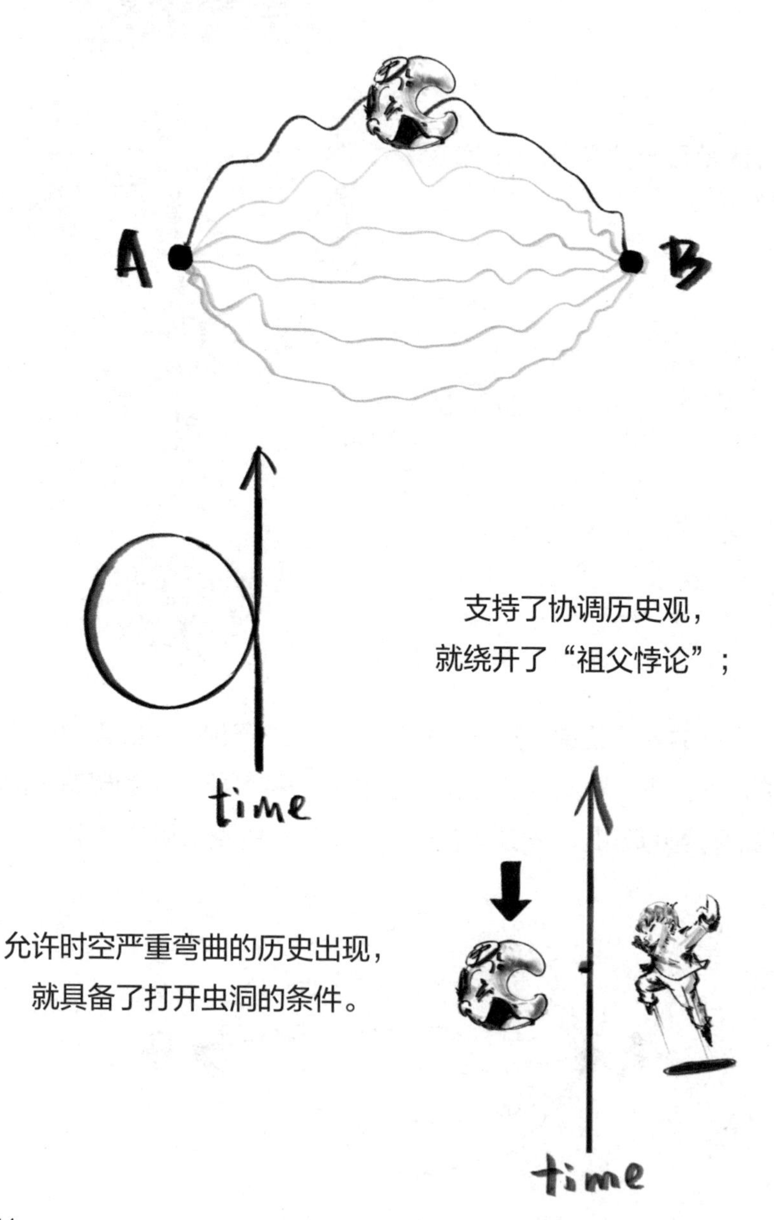

A
B
time
支持了协调历史观，
就绕开了“祖父悖论”；
允许时空严重弯曲的历史出现，
就具备了打开虫洞的条件。
time

如此一来，在费曼的历史求和理论中，“回到过去”似乎没有障碍了，但问题是，为啥就没有人回来偷袭我爷爷呢？

霍金设想，我们的宇宙里，由于自然定律的共同作用，使得“穿越回过去”被阻止了，他称之为

这个概念大概的意思是，即使打开了虫洞，但由于粒子不停地通过，虫洞内的能量会变大，于是负能量变成了正能量，因此虫洞无法支撑下去。

所以，总结一下。

时间旅行这事，就目前看来，“奔向未来”铁定可以实现，只要跑得快。

“回到过去”貌似不靠谱，就别惦记了。

跟没说一样，
还想回去买彩票呢！

想得美！

第3章

物理学统一宇宙？可能吗？

别是物理学家自嗨吧？

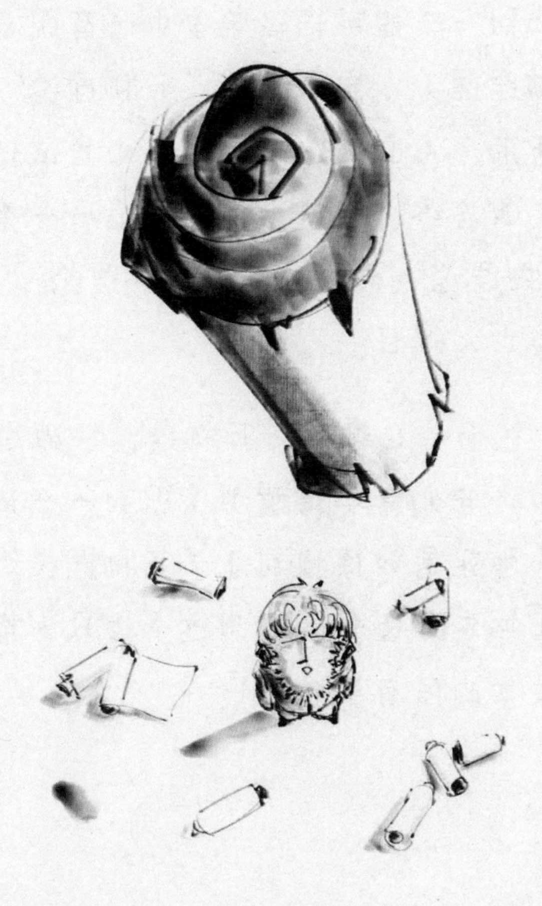

在探索宇宙的过程中，人类产生了一种观念——大自然喜欢简单。物理学家梦想着，终有那么一天，人类会找到一个能够描述宇宙中所有现象的物理理论，它被称为“万物理论”。多年来，人们在这条道路上的尝试均以失败告终。目前，世界上唯一一个“万物理论”的候选者叫“M理论”，备受世人瞩目。

然而，在通往“万物理论”的过程中，我们需要清醒地认识到一个事实，那就是即便找到了“万物理论”，人类也不可能准确预测这个世界上将要发生的所有事件。

那年，牛顿发现万有引力定律，无数粉丝瞬间折服，人们兴奋地发现，不管是天上的星星还是树上的苹果，它们的运动居然可以用同一套公式来计算。

那月，麦克斯韦写下麦克斯韦方程组，引来大把信徒顶礼膜拜，谁曾想到，电、磁、光这些看似独立的物理存在，竟然能在同一个理论下进行描述。

那日，开尔文讲了一个故事，物理国一片阳光明媚，天边的两朵乌云不久将散，观众听得心情激动，人们相信，物理学的大一统不久就会到来。

在探索宇宙的过程中，人类渐渐地产生了这样一种信念——大自然，喜欢简单。

物理学家心里始终揣着一个梦想，他们期待着，终有一天，人类会找到一个理论，一个真正意义上的统一理论。它站在科学理论的顶点。

它可以用来解释这个世界上的所有现象，并能对未来做出准确预言。其他任何理论都是这一终极理论的近似版本，人们将这个理想中的统一之梦称作“万物理论”！

没错，它是物理学的终极目标。

爱因斯坦晚年就曾向这个终极理想发起挑战，为此，他付出了人生的最后 30 载。只可惜事与愿违，理想过于宏伟，统一之路漫漫修远，在他的年代，时机尚未成熟。

回首往事，人类时常过度自信。20 世纪初，人们认为世间一切物理现象都能用弹性定律（也就是胡克定律）或者热传导之类的性质来描述。可在那之后，物理学关于原子结构的研究，以及不确定性原理的问世，把这个美丽的南柯一梦摔得粉碎。

1928年，马克斯·玻恩在德国格丁根大学对来访者说：物理学大概会在6个月之内终结。他的理由是狄拉克不久前写下了名垂史册的狄拉克方程，它可以精确描述电子的行为。谁知道不久后，中子的发现和对核力的探索发现又一次啪啪地打了物理学家的脸。

纵观科学发展史，物理学掀起的每一次大一统风浪，最终的结局都是走向凉凉，无一例外。

然而，尽管如此，在《时间简史》的最后，霍金还是忍不住写下了这样的话：

在谨慎乐观的基础上，
我仍然相信，
人类或许已经接近探索到自然的终点……

想必乐观情绪来源于近几十年物理学的研究成果。我们知道，在宇宙的大尺度上，引力占据 C 位，那是广义相对论的剧本；

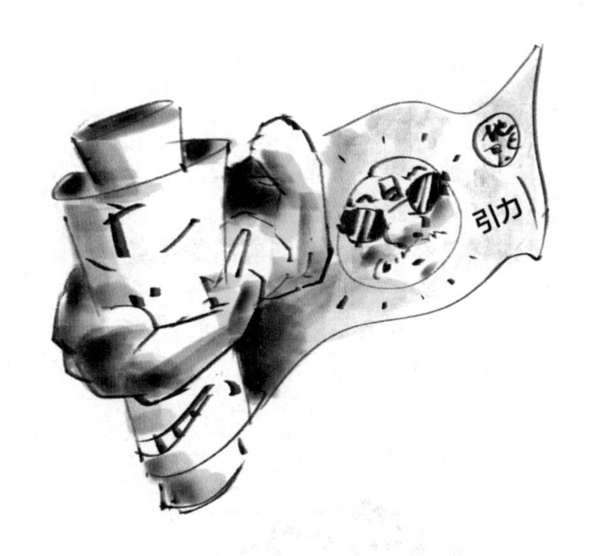

而在小尺度上，核力是主咖，这一领域当然由量子力学导演。

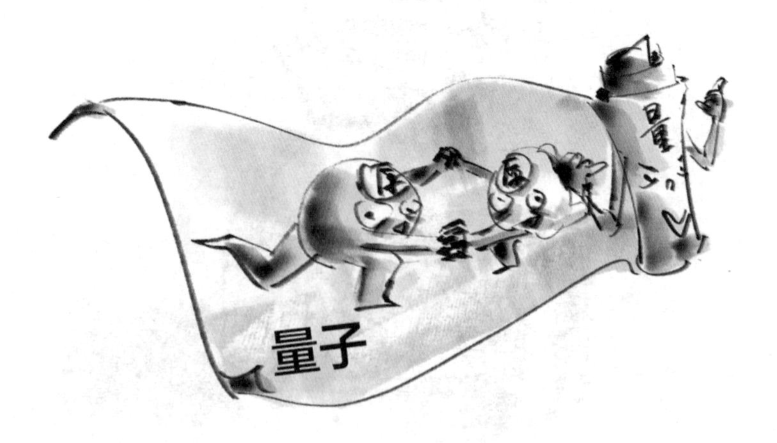

多年来，人们想出各种办法，使劲撮合它俩在一起，试图找到一个可以同时描述大小两个世界的理论——量子引力理论。

通过不懈的努力，人们逐渐发展出了：

超引力理论，

超弦理论，等等！

而超弦理论作为明星理论，也在 20 世纪末成功完成蜕变，进化成为当下大名鼎鼎、尽人皆知的 M 理论。

在 M 理论中，组成物质的最小单位不再是人们曾经认为的点粒子，而是一根根只有长度没有粗细的弦。

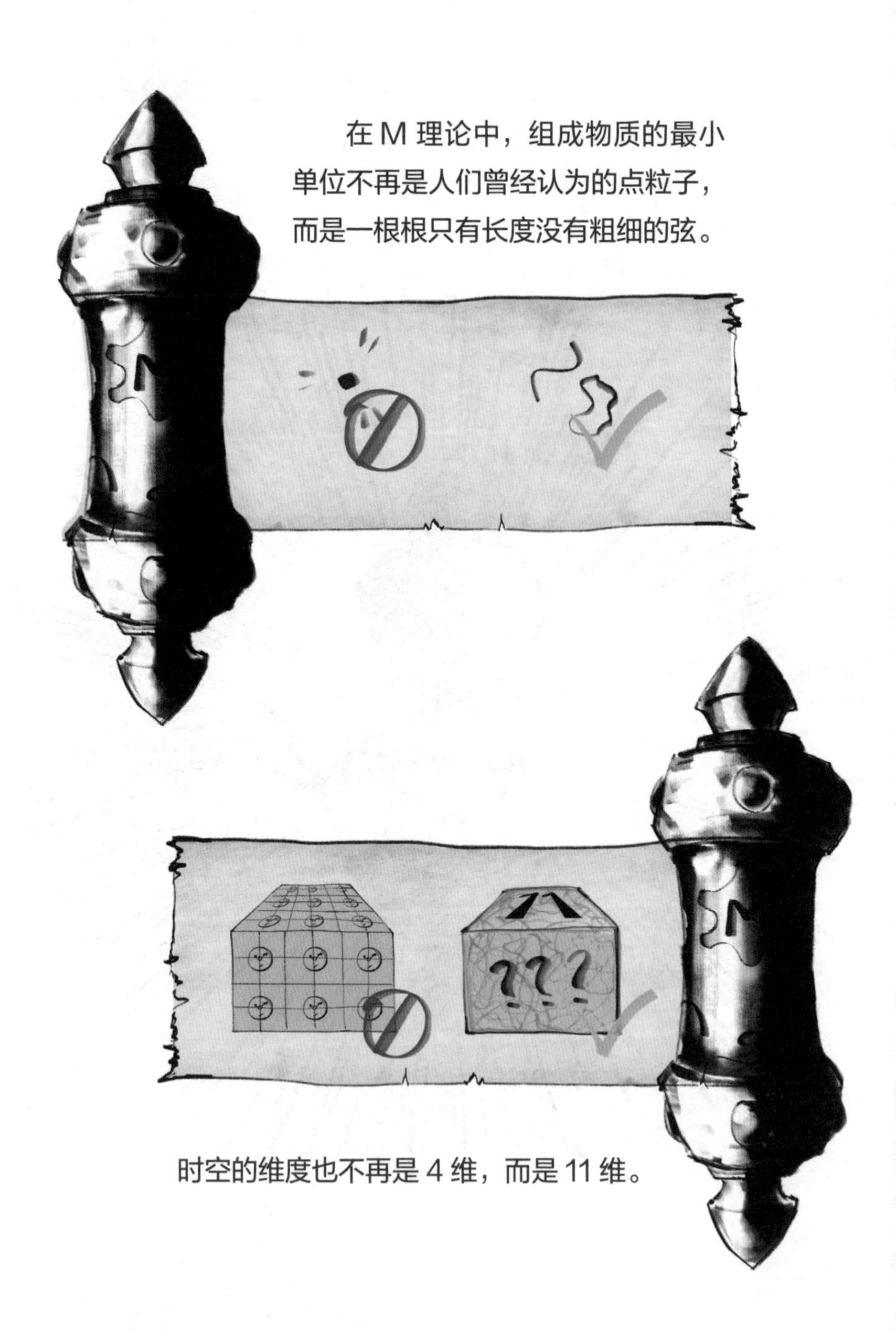

时空的维度也不再是 4 维，而是 11 维。

在11维时空中，存在着从0维到9维的各种不同维度的“膜”。

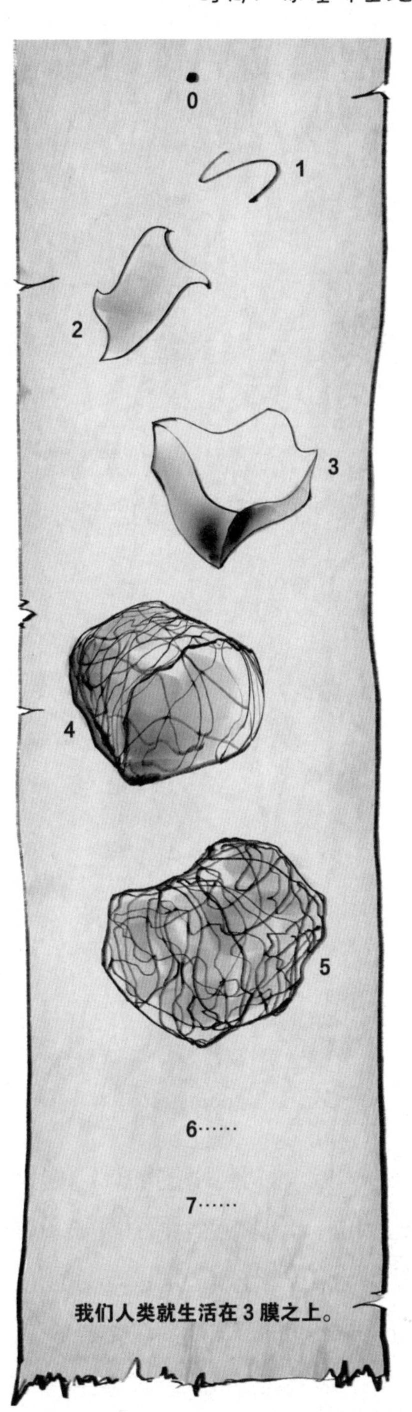

目前，M理论被视为物理学中唯一一个“万物理论”的候选者。

多年的探索让物理学家渐渐意识到，基本理论或许并不存在单独的表述。

这句话是什么意思呢?

打个比方，这情况就像是，无论如何，我们都没法用一张地图来准确地展示出地球的全貌。

一张图画出来的地球明显是变形的，要想较为准确地体现地球的颜值，最少也得用到两张图，或者更多；每张地图所能描绘的只是地球的一部分，地图与地图之间可能存在重叠的区域，整套地图才能完整地描绘地球的样貌。

“万物理论”也是这路子，在描述一个复杂的物理过程时，可能需要用到不同的表述方式。不同表述方式如果遇到重叠的部分，那它们的表述是等效的。

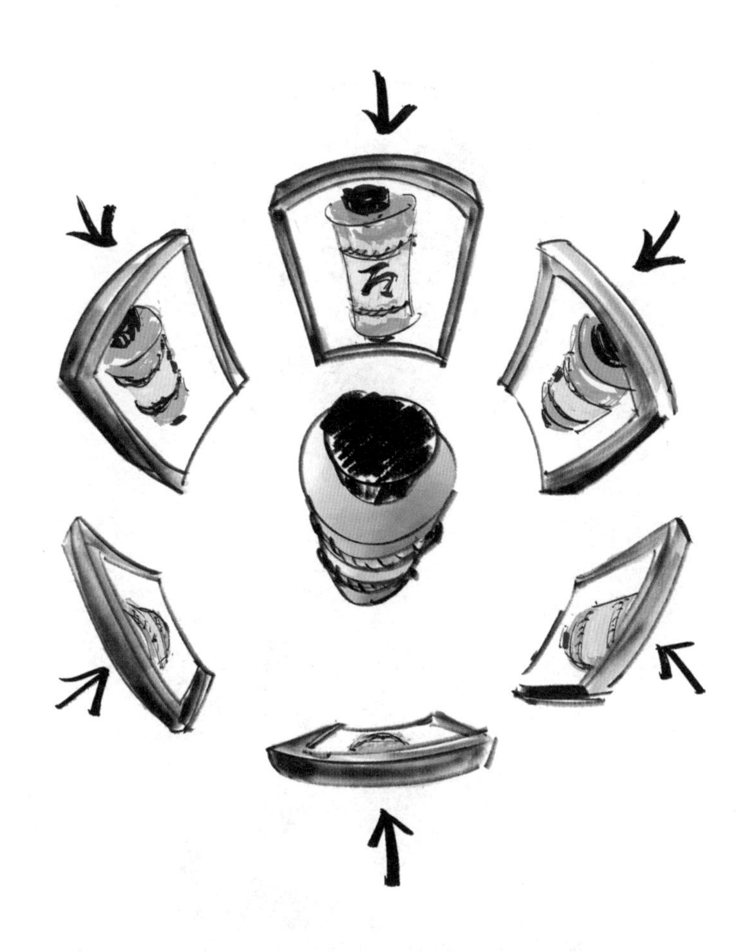

所有这些表述方式加在一起，才能完整地描述整个物理过程。“万物理论”或许就是这样一种存在——一个理论族群。

可问题是，有谁敢保证说，宇宙里确确实实存在着这样一个可以统一一切的理论呢？

保不齐，这只是人类的一个美好愿望罢了，是物理学家集体跟那儿自嗨而已。

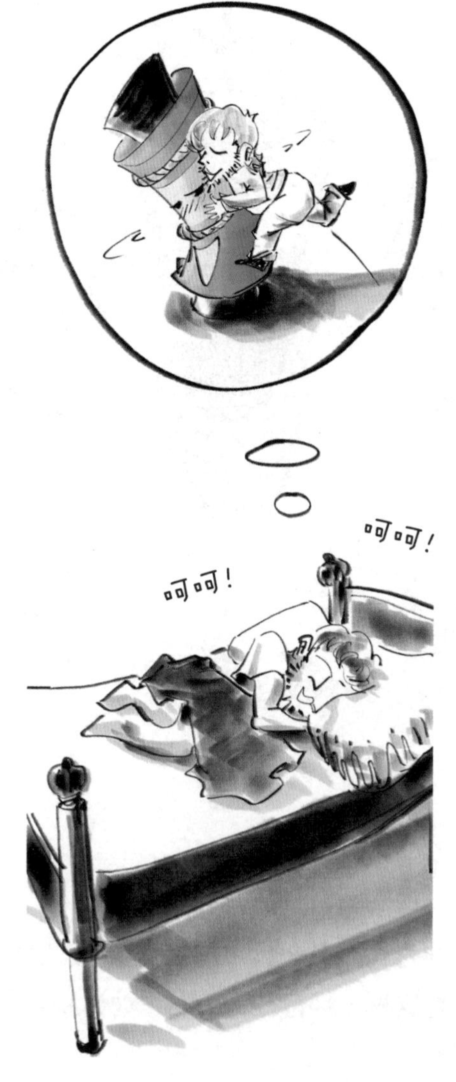

如果从逻辑上看，似乎存在如下这样 3 种可能：

（1）宇宙的确存在一个统一理论，

它就在那里，静静地等待着人类去发现；

（2）并不存在某一个终极理论，
我们能做的只是无限次地去发现新的理论，
每一个新理论都能让人类对宇宙的理解更精确一丢丢；

（3）没有理论可以精确地预测宇宙，
物理理论只在一定程度上起作用，
一旦超出适用范围，那结果必然是随机的。

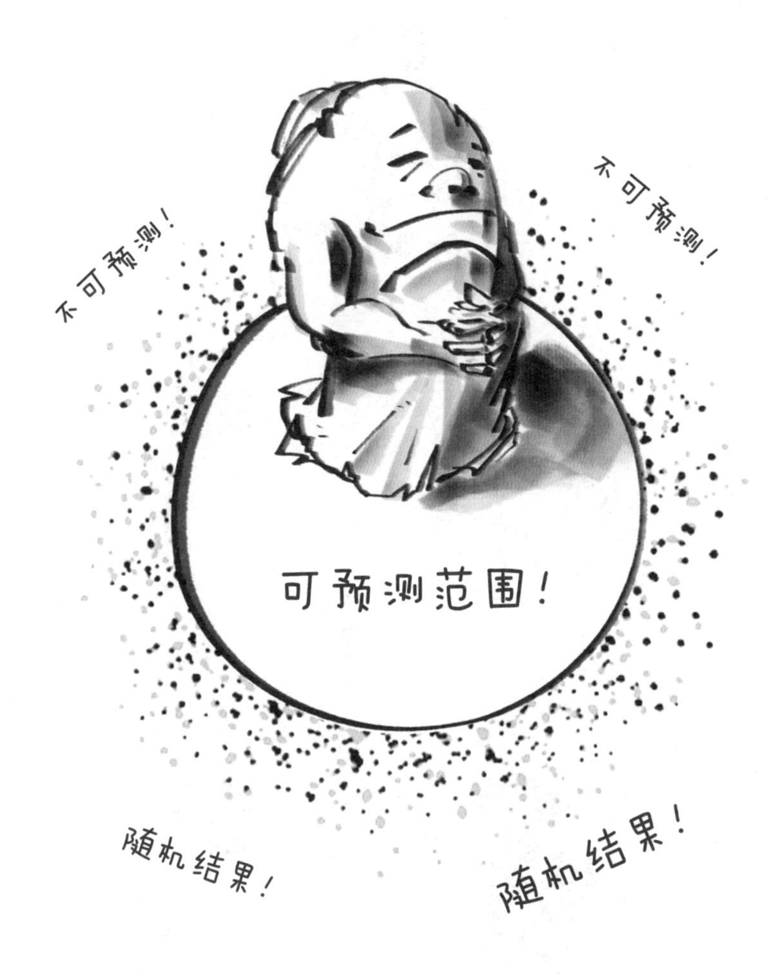

在地球上，一部分人力挺第三种可能，因为前两种可能似乎没有给上帝留下操作空间。如果宇宙万物仅仅受物理定律支配，那显然限制了老人家的即兴发挥。

要知道，上帝是有可能改主意的，一旦他的想法发生变化，就很有可能去干涉世界的运转。

但是，如果我们使劲琢磨一下就会发现，“上帝变卦”这里边似乎包含一个内在矛盾。

我们说上帝改主意，这话什么意思呢？意思是说：

今天他想的是 A，

明天想的是 B。

不同的时间产生了不同的想法。注意，这里突然就冒出来一个概念，叫：

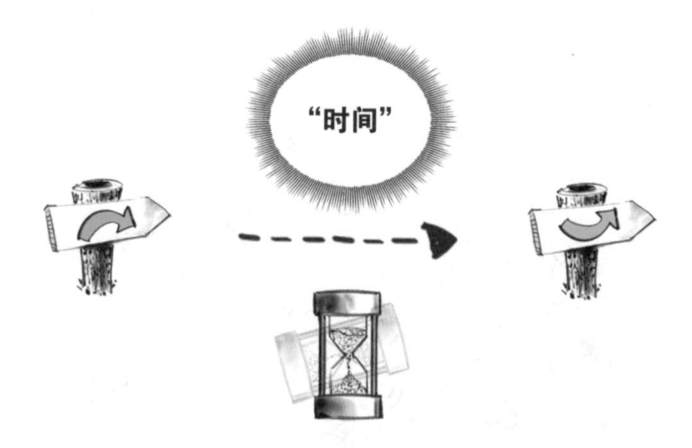

可是等一会儿先！不对吧？

咕咚咕咚！
咕咚咕咚！
嗝！

嘿嘿嘿！
两个空瓶！

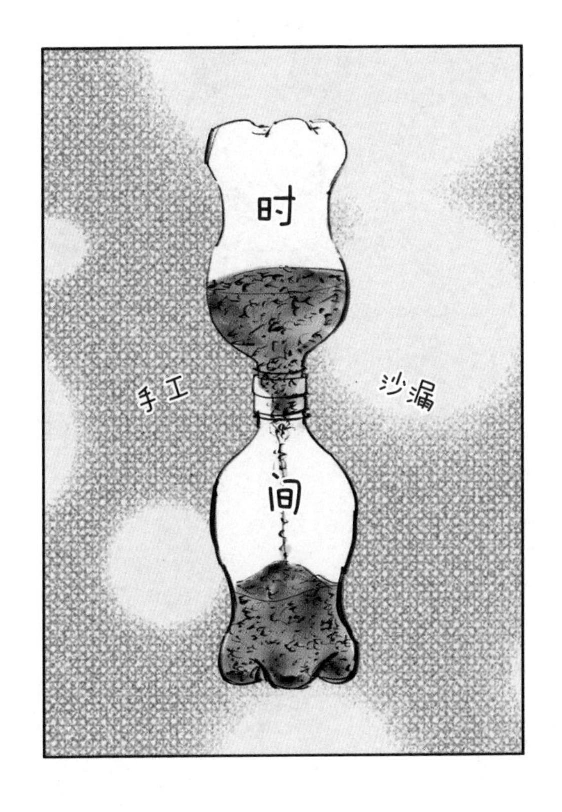
时
手工
沙漏
间

如果是，那上帝就不应该处在“时间里”啊，他显然应该跳到“时间之外”不是吗？

难道他不应该在创世那一刻，就想明白“时间里”所有将要发生的事情吗？

这么一琢磨，麻烦立马就来了不是！

上帝要想改主意，
那他老人家就得存在于“时间”之内，

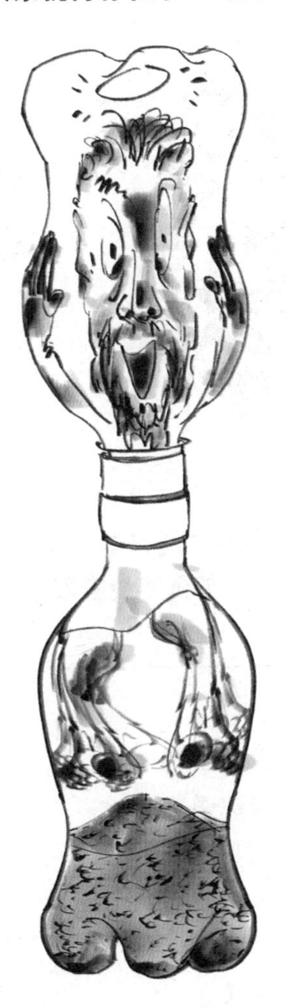

但这不合逻辑，因为世间万物都是上帝创造的，
“时间”也不例外！

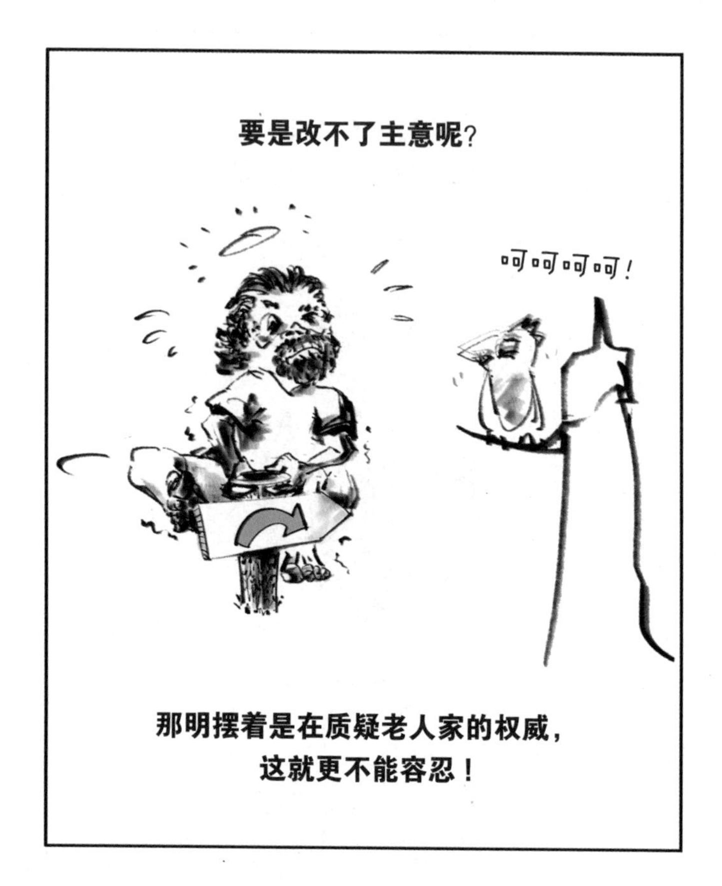

这下尬聊了，上帝改主意也好、不改主意也罢，二者都说不通，这可如何是好？等会儿，这不就是康德说的那个……

由此来看，造物主的观点似乎不能令人信服，第三种可能有点站不住脚啊！

量子力学的发展让人类认识到，不确定性原理的存在，让精确预言某一事件变成不可能。任何物理过程总存在一定程度的不确定成分，这似乎给上帝留下了“干涉世界运转”的余地。

但硬要把这种不确定说成是老人家“任性”的表现，似乎也没几个人会赞同，因为在人类所做的所有物理实验当中，我们没有看到任何证据能支持这一观点。

那第二种可能呢？一个无限理论序列，这似乎与我们的认知相符。

现实中，物理理论的确在不停地更新，新的理论一次次地刷新着实验精度，让实验结果越来越精确，这让第二种可能听上去合情合理。

不过，引力的存在还是给这个无限刷新的玩法画上了一道明确的界线。

要知道，越精确的实验结果，就需要越高的能量去完成实验。

画这一章的时候正好赶上欧洲杯，
所以就用了踢球的例子。

因为很小的时候看过一部漫画叫《足球小将》，
南葛出了一位天才球员大空翼，
跟我一样也是个小屁孩，
碰巧那时候我家门前有一小片儿草坪。

根据广义相对论，能量是可以压弯时空的。

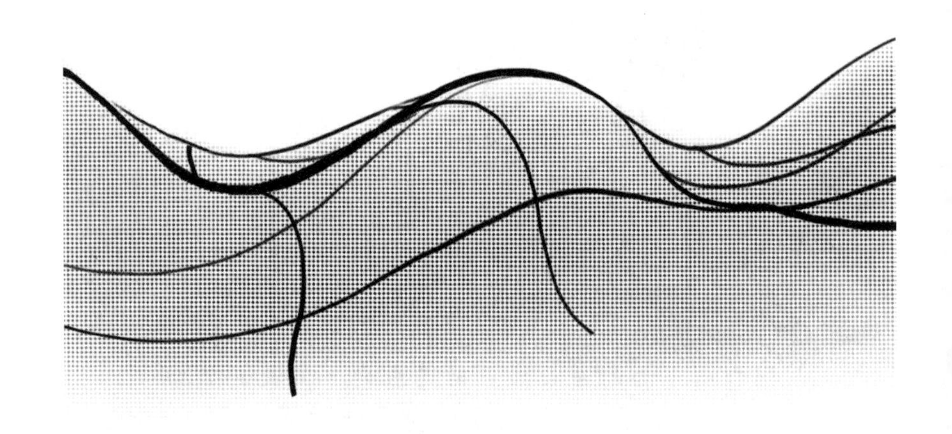

一旦能量达到某一数值，时空不堪其累，承受不住的时候，就会被压成一个黑洞。

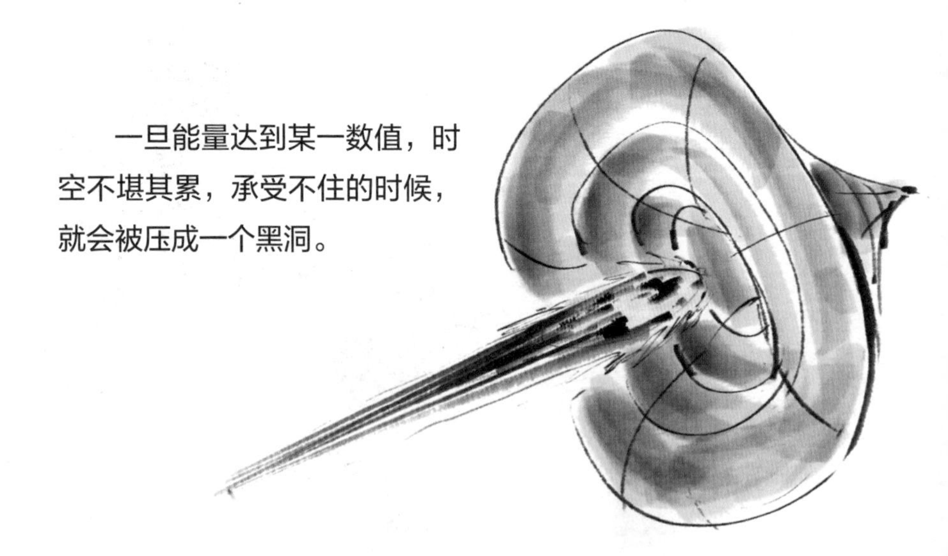

而黑洞是有去无回的奇葩货色啊！
它没法返回实验信号，

因此也就得不到实验结果了。

所以，能量大小有边界，实验精度有极限。一个无限精确下去的理论队列，必然是不可能的。

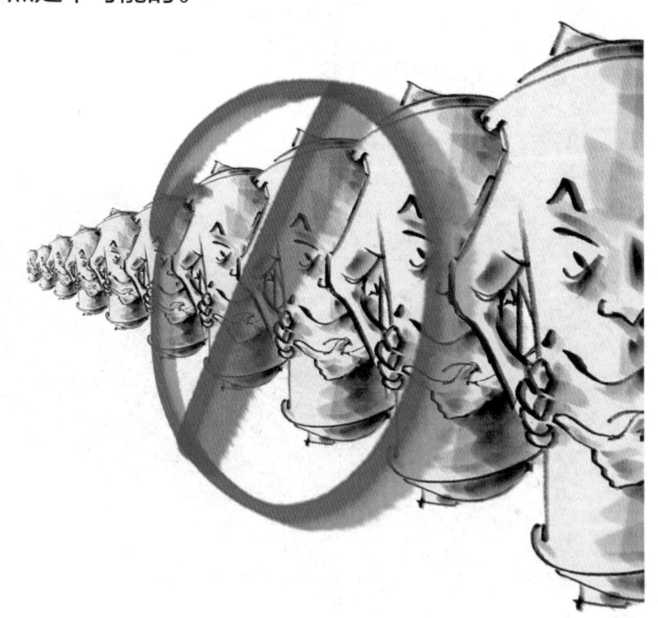

看上去，只有第一种可能是靠谱的了，宇宙确实存在一个统一理论，只不过至今为止，人类尚未发现而已。

但可别高兴得太早，我们需要想明白一件事：即便找到了终极理论，也不代表人类就可以预言这个世界上将要发生的所有事件。

首先，不确定性原理就在那儿摆着，它是大自然赋予世界的限制，是终极枷锁，没有人可以逾越。

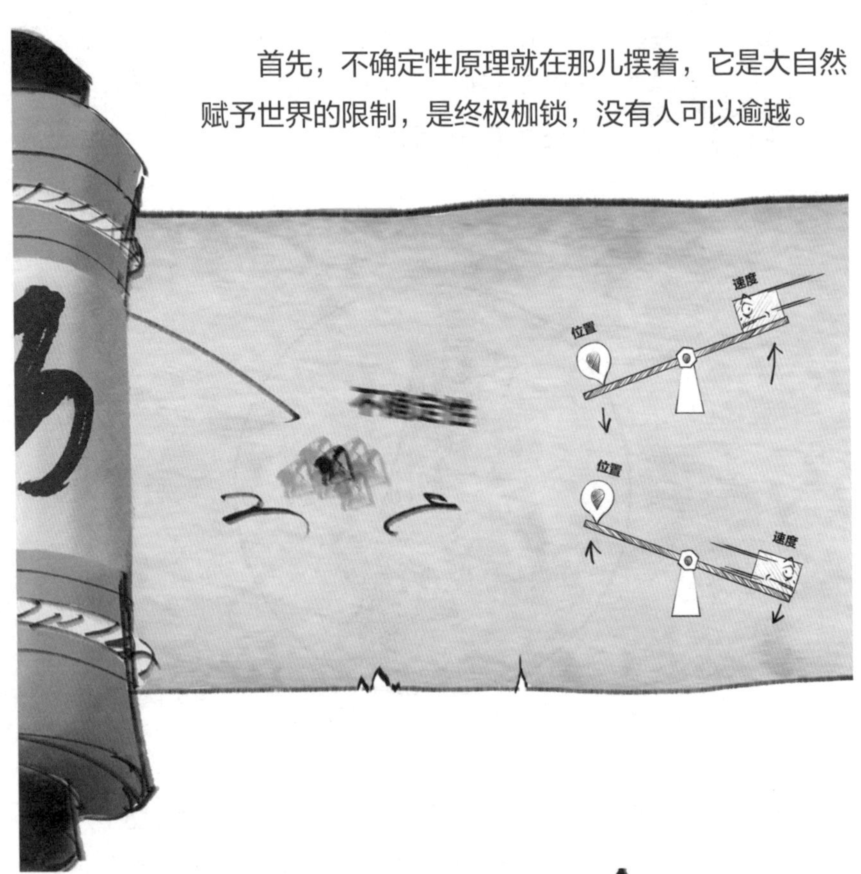

其次，发现了理论，找到了那组描述宇宙运动规律的方程，也不代表我们可以解开方程。

你想想，牛顿的理论自发现至今已经过去多少年了，我们甚至连三体运动问题都还没弄清楚。

《三体》迷秒懂的一张图，
忽然发现武子胡子拉碴的造型跟罗辑有点接近哈！

所以，现实一点儿，人们能够期待的，其实是得到那些科学研究中的近似结果。

通过这些近似结果，我们可以在一定程度上解释并预言复杂的现实情况，从而促使人类不断向前发展，一步一步接近宇宙的终极奥秘——存在之谜！

第4章

我就想知道，上帝究竟在想啥？

不难想象，“万物理论”在数学上是一组方程，我们即便找到了它，却还要面临一个更根本的问题：为什么数学上存在一组这样的方程，物理上就要按照方程去制造出一个宇宙呢？换种说法，这个问题的意思其实是：宇宙为什么会存在？

目前，地球上还没有人能回答这个问题。如果谁回答上来了，谁就理解了上帝。

我们处在一个令人困惑的世界中，
我们试图去理解身边发生的一切，

我们希望用一种模型来描述宇宙的运转，

宇
就如同本套书另一册
《咣！炸出一个宇宙》开篇，
老太太口中那个
无限乌龟塔的宇宙图景。

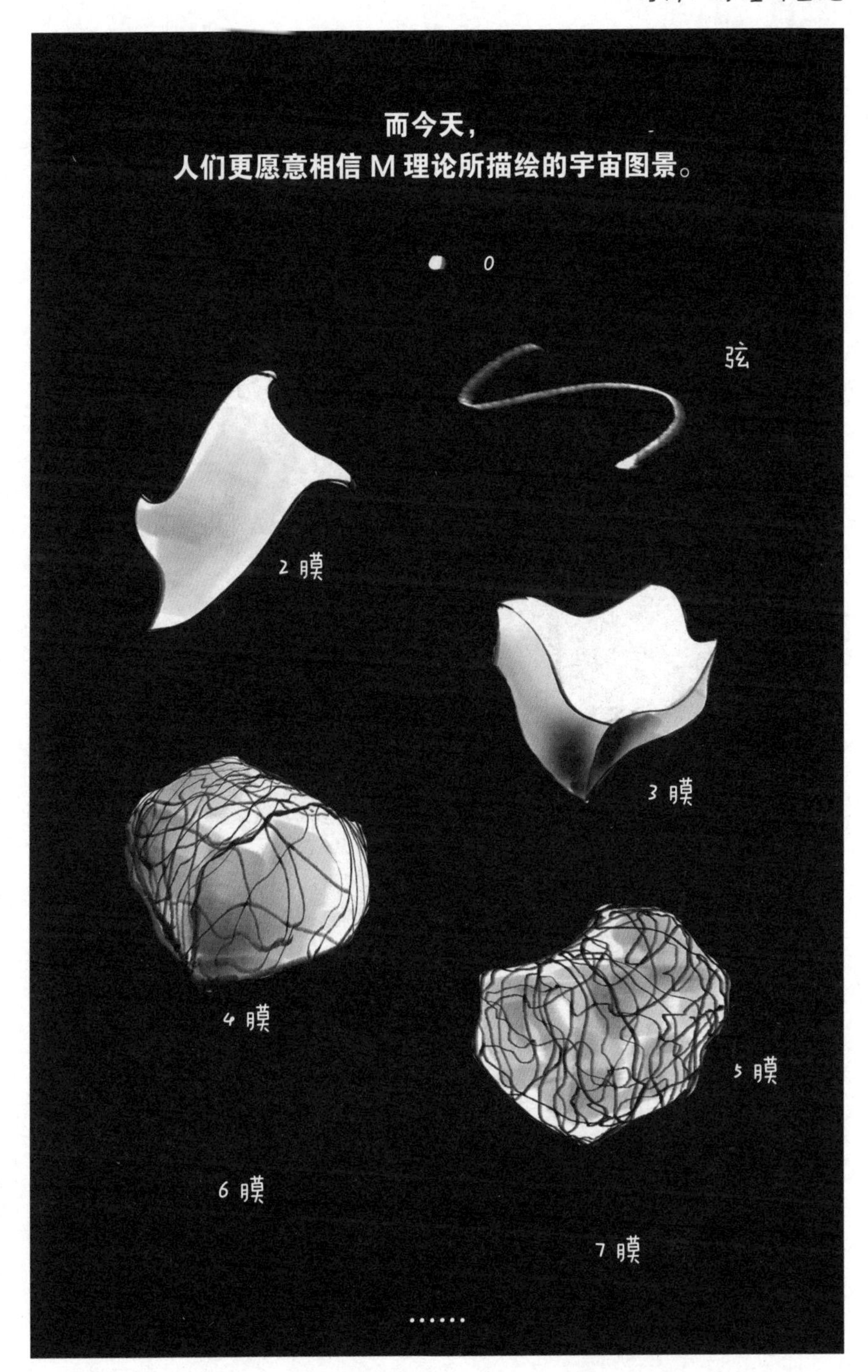
而今天，
人们更愿意相信 M 理论所描绘的宇宙图景。
0
弦
2 膜
3 膜
4 膜
5 膜
6 膜
7 膜
……

尽管这两个模型相差甚远，却仍有共同之处，是的，它们都缺少观测证据。

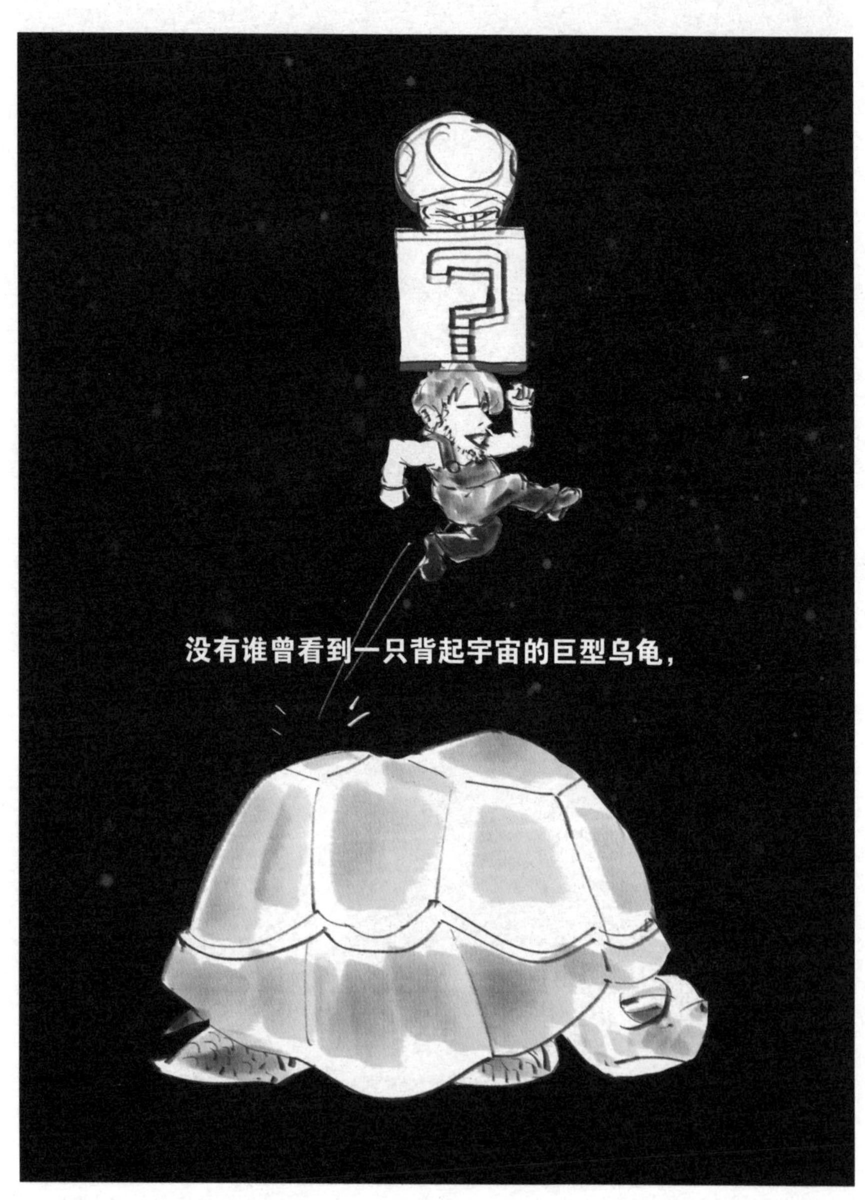

没有谁曾看到一只背起宇宙的巨型乌龟，

但也不曾有人瞧见过
飘荡在时空中的“弦”和“膜”！

说起来，两个模型其实都是假说。但毋庸置疑的是，“无限乌龟塔”的套路作为科学理论是上不了台面的，因为它做出的预言与实际观测不符。

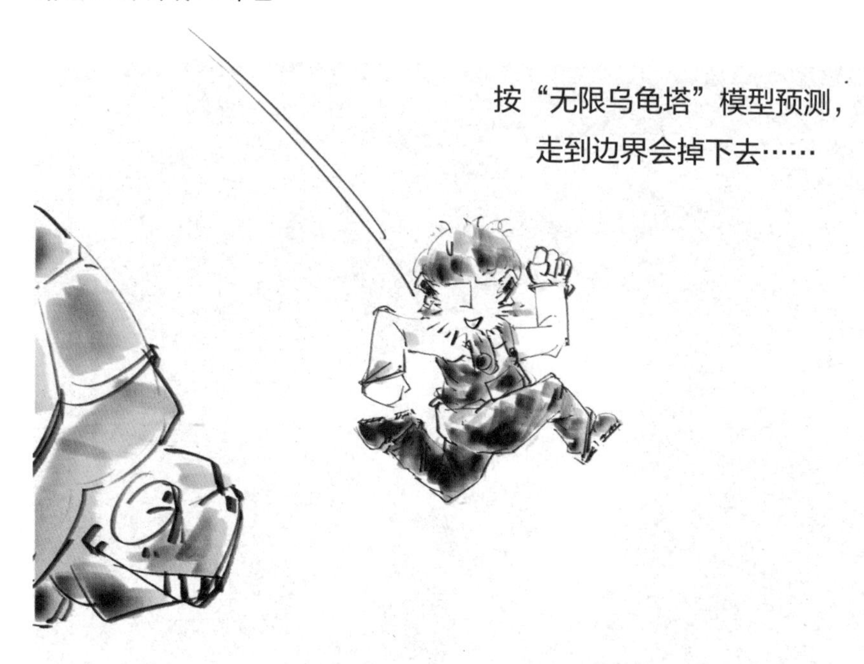
按“无限乌龟塔”模型预测，
走到边界会掉下去……

但这事从来没有发生过。

起初，人类在认识世界的时候，常常给身边的事物安上一个我们的情感——灵魂！

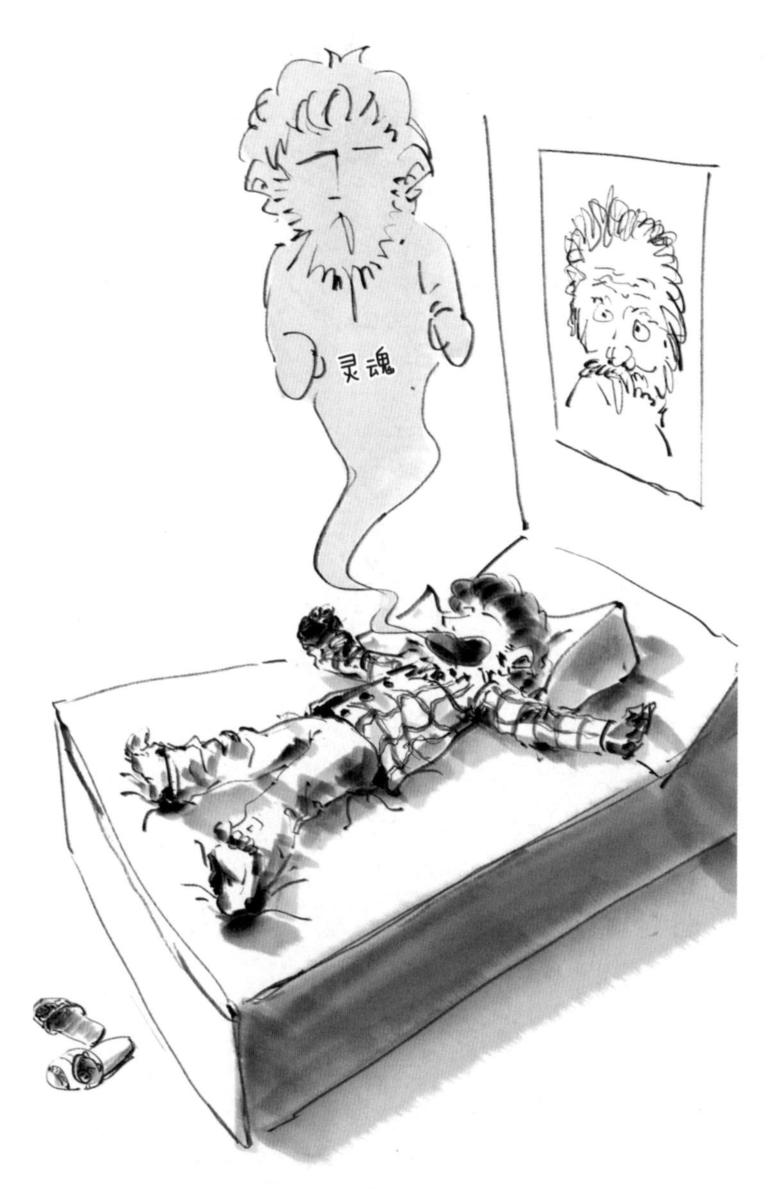

灵魂栖息在物体之中，比如山川、河流、太阳、月亮。

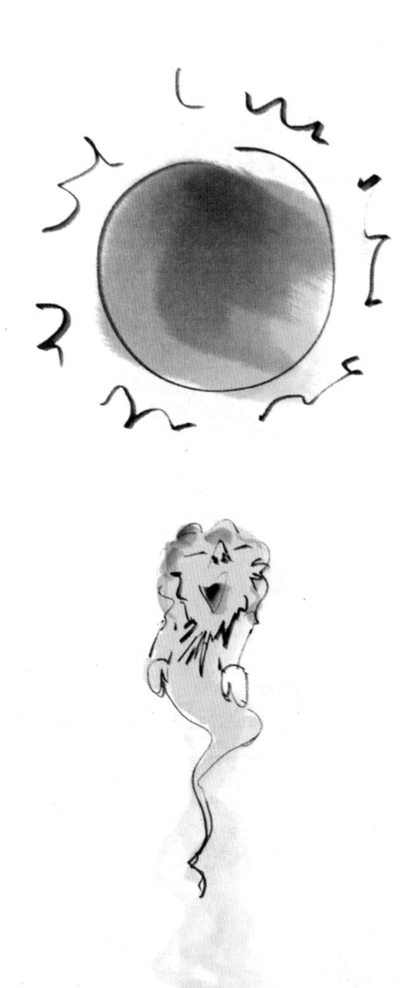

人们通过不断地供奉神灵，祈求风调雨顺，五谷丰登。

而天文学的出现，慢慢让人类摸索出天上星星的运行规律。人们逐渐认识到，无论我们是否给神灵下跪磕头、拍马屁，太阳和月亮都会一如既往地出现在它们固定的轨道之上，没有一天休息过。

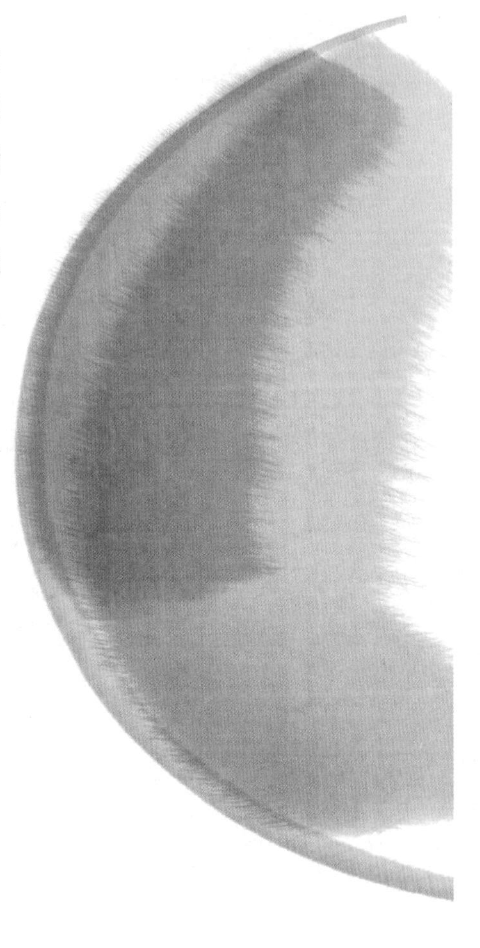

随着人类文明的发展，尤其是近 300 年来，我们发现了好多这样或那样的规律，人们利用这些规律预测未来时，其结果往往相当准确。

这使得人类误以为，我们已经掌握了这个世界的运行规律。于是，在 19 世纪初，拉普拉斯提出了史上著名的“科学决定论”。

给我物理定律，
给我某一时刻
宇宙的物理状态，

然后，

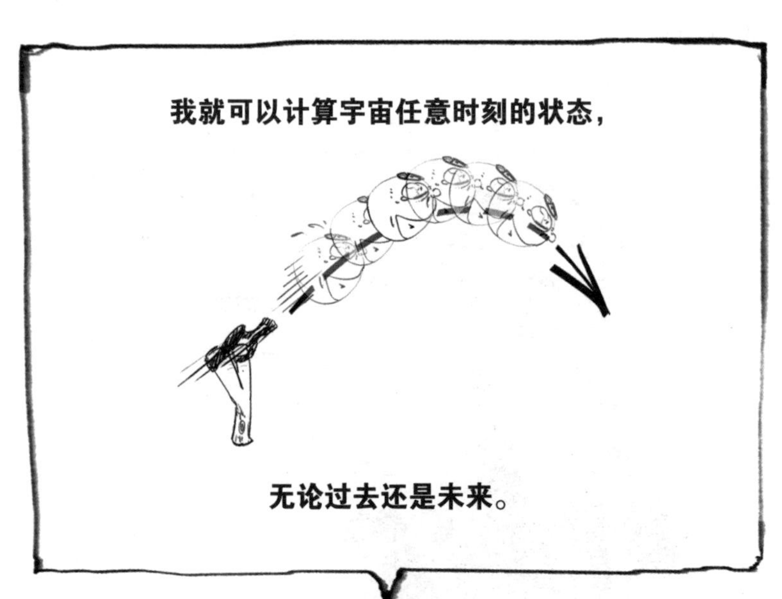

我就可以计算宇宙任意时刻的状态，
无论过去还是未来。

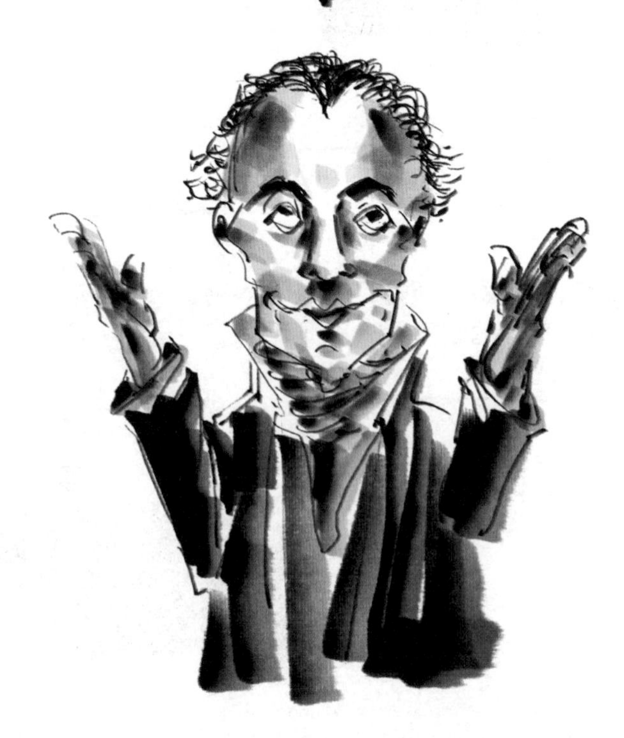

宇宙的剧本早已写好，世界向着确定无疑的方向演化。

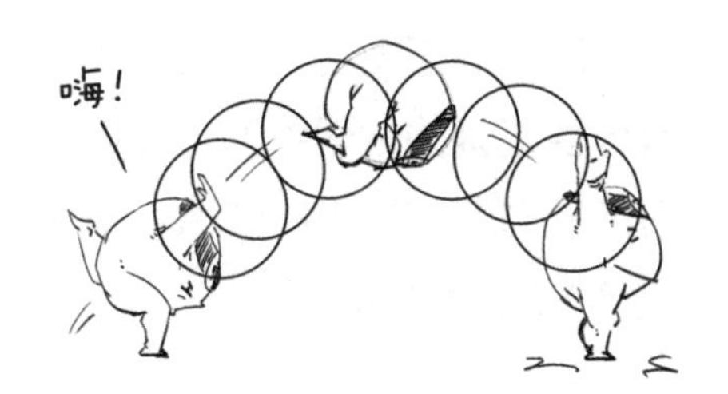

然而，自 20 世纪以来，量子力学的发展给了人类当头一棒。很遗憾，“科学决定论”只是我们想象出来的美好愿望。

海森伯不确定性原理揭示：宇宙里的任何事物，从来就不曾拥有什么精确的物理状态；任何时候，一个物体的位置和速度，都不可能同时存在准确的数值，存在的只能是一个模模糊糊的混合态，这才是现实的本质。

或许，用位置和速度去描述宇宙的运转，只是人类的一厢情愿罢了。对于宇宙未来的预测，其结果是有边界的，不确定性原理就是边界线。

如今，物理学的目标是，找到统一一大一小两个世界的物理理论，要攻克的首要任务就是量子力学和广义相对论的结合。正如上一章讲到的，M 理论是目前唯一的“万物理论”候选者。

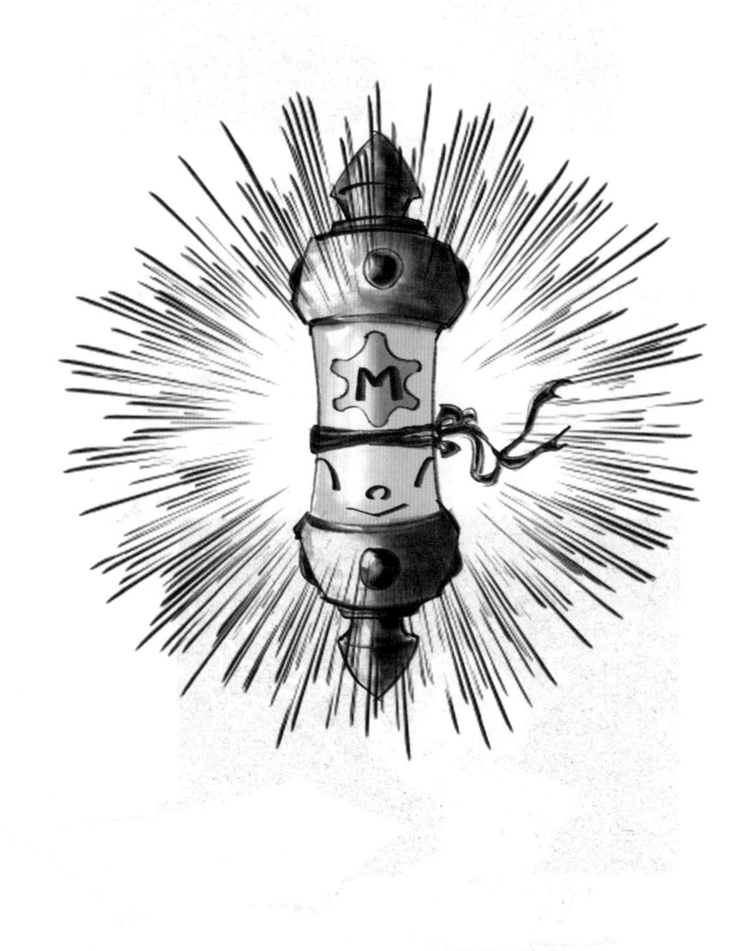

M 理论今后的命运如何，我们姑且放在一边，假如宇宙里当真存在一个“万物理论”，其实从数学上看，它只不过就是一组方程而已。

可让人无法理解的是，为什么数学上存在一组方程，物理上就一定要按照方程把宇宙制造出来呢？

就这个问题吧，地球上绝大多数科学家都不会去花太多心思琢磨。因为啥呢？理由很直接——哥没工夫。

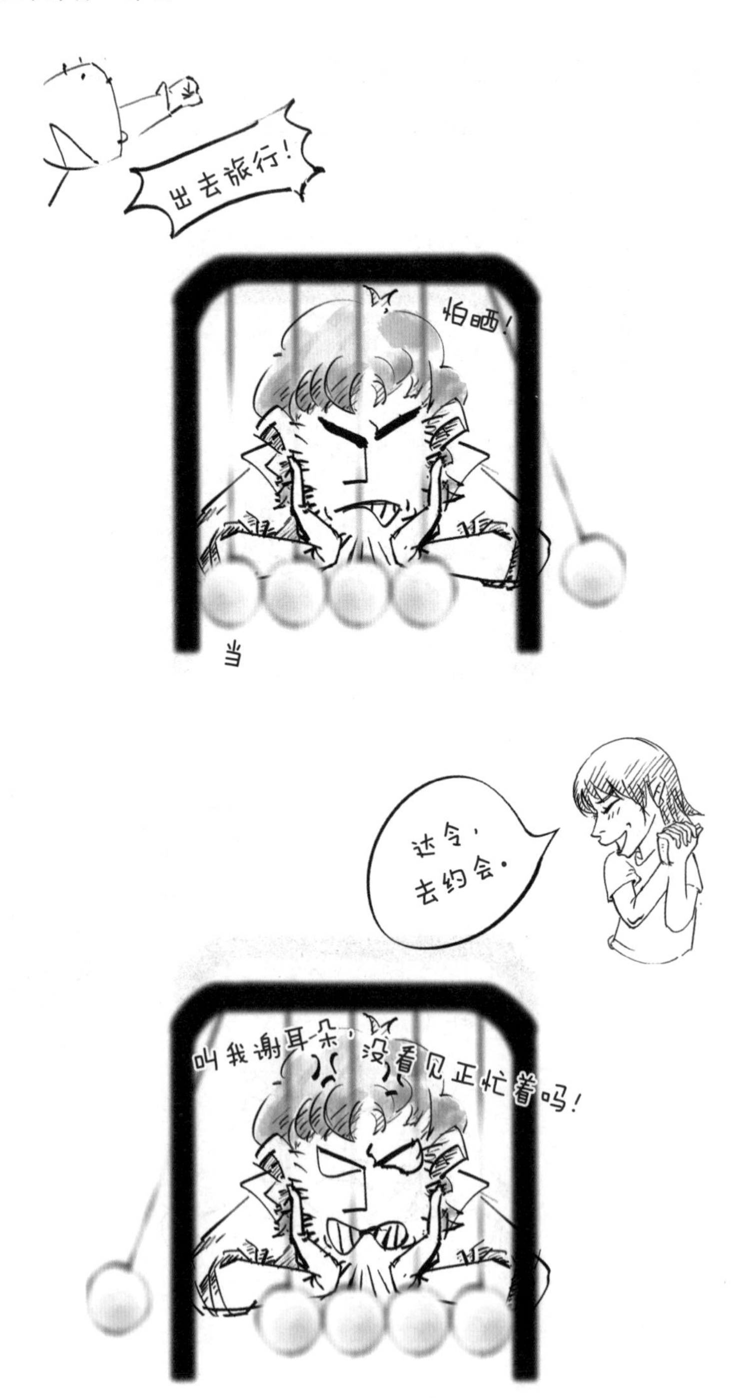
出去旅行!
怕晒!
当
达令,
去约会。
叫我谢耳朵,没看见正忙着吗!

目前的情况是，仅仅为了找到方程这一件事，就要穷尽几乎所有物理学家一生的时光。

说起来，类似这种刨根问底的问题呢，本来是哲学家的买卖。就比如宇宙有没有开端这件事，在大爆炸理论出现之前，其实是哲学家之间较量、互怼、干仗的节目。

可谁能想到，自 19 世纪开始，科学的发展速度有点飙，它像开挂了一样，嗖嗖往前蹿，眼睁睁甩开哲学 *N* 多条大街。

以至于到今天为止，科学问题变得过于专业化和数学化了，哲学家大都看得满眼懵，听得脑瓜迷糊，掺和不进来了。

说的啥……

所以霍金在《时间简史》的最后甩出一句风凉话："这是亚里士多德到康德，哲学伟大传统的何等堕落啊！"

估计看到这儿的哲学家，都被他气得够呛吧！

假如有一天，人类确实找到了那个梦想中的终极理论，并且这终极理论能够被普通人所理解，到时候，每个人就都有时间去思考“宇宙为啥会存在”这个终极问题了。

而一旦有人找到了答案，那就等于说，人类最终知道了，上帝他老人家，脑子里究竟在想些什么东西。